乡村振兴战略

浙江省农民教育培训丛书

稻渔综合种养

浙江省农业农村厅 编

中国农业科学技术出版社

图书在版编目（CIP）数据

稻渔综合种养/浙江省农业农村厅编．—北京：中国农业科学技术出版社，2019.10（2024.1重印）

（乡村振兴战略·浙江省农民教育培训丛书）

ISBN 978-7-5116-4478-7

Ⅰ.①稻… Ⅱ.①浙… Ⅲ.①水稻栽培②稻田养鱼 Ⅳ.①S511②S964.2

中国版本图书馆CIP数据核字（2019）第228354号

责任编辑	闫庆健　王思文　马维玲
责任校对	贾海霞
出 版 者	中国农业科学技术出版社
	北京市中关村南大街12号　邮编：100081
电　　话	(010) 82106625（编辑室）(010) 82109704（发行部）
传　　真	(010) 82106625
网　　址	http：//www.castp.cn
经 销 者	各地新华书店
印 刷 者	北京捷迅佳彩印刷有限公司
开　　本	787mm×1092mm　1/16
印　　张	8.75
字　　数	150千字
版　　次	2019年10月第1版　2024年1月第2次印刷
定　　价	37.20元

乡村振兴战略·浙江省农民教育培训丛书

本书编写人员

主　编　丁雪燕　马文君

副主编　柳　怡　周　凡

编　撰　（按姓氏笔画排序）

丁雪燕　于　瑾　马文君　李　明
余涤非　怀　燕　陈　凡　陈刘浦
周　凡　周志金　线　婷　胡金春
柳　怡　彭　建　蒋路平

序

习近平总书记指出:“乡村振兴，人才是关键。”

广大农民朋友是乡村振兴的主力军，扶持农民，培育农民，造就千千万万的爱农业、懂技术、善经营的高素质农民，对于全面实施乡村振兴战略，高质量推进农业农村现代化建设至为关键。

近年来，浙江省农业农村厅认真贯彻落实习总书记和中央、省委、省政府“三农”工作决策部署，深入实施“千万农民素质提升工程”，深挖农村人力资本的源头活水，着力疏浚知识科技下乡的河道沟渠，培育了一大批扎根农村创业创新的“乡村工匠”，为浙江高效生态农业发展和美丽乡村建设持续走在全国前列提供了有力支撑。

实施乡村振兴战略，农民的主体地位更加凸显，加快培育和提高农民素质的任务更为紧迫，更需要我们倍加努力。

做好农民培训，要有好教材。

浙江省农业农村厅总结近年来农民教育培训的宝贵经验，组织省内行业专家和权威人士编撰了《乡村振兴战略·浙江省农民教育培训丛书》，以浙江农业主导产业中特色农产品的种养加技术、先进农业机械装备及现代农业经营管理等内容为

主，独立成册，具有很强的权威性、针对性、实用性。

从书的出版，必将有助于提升浙江农民教育培训的效果和质量，更好地推进现代科技进乡村，更好地推进乡村人才培养，更好地为全面振兴乡村夯实基础。

感谢各位专家的辛勤劳动。

特为序。

浙江省农业农村厅厅长　林健东

内容提要

为了进一步提高广大农民自我发展能力和科技文化综合素质，造就一批爱农业、懂技术、善经营的高素质农民，我们根据浙江省农业生产和农村发展需要及农村季节特点，邀请省内行业首席专家或权威人士编写了《乡村振兴战略 · 浙江省农民教育培训丛书》。

《稻渔综合种养》是《乡村振兴战略 · 浙江省农民教育培训丛书》中的一个分册。全书共分五章，第一章生产概况，主要介绍浙江稻渔综合种养产业现状；第二章效益分析，主要介绍经济价值、社会及生态效益、市场前景及风险防范；第三章关键技术，着重介绍稻鳖、稻鱼、稻小龙虾、稻青虾、稻鳅五种综合种养模式；第四章食用方法，主要介绍中华鳖、田鱼、小龙虾、青虾、泥鳅五种水产品的选购和主要烹饪方法；第五章典型实例，主要介绍浙江清溪鳖业股份有限公司、桐庐昊琳水产养殖有限公司等十个省内农业企业、农民专业合作社及家庭农场从事稻渔综合种养的实践经验。《稻渔综合种养》一书，内容广泛、技术先进、文字简练、图文并茂、通俗易懂、编排新颖，可供广大农业企业种养基地管理人员、农民专业合作社社员、家庭农场成员和农村种养大户阅读，也可作为农业生产技术人员和农业推广管理人员技术辅导参考用书，还可作为高职高专院校、成人教育农林牧渔类等专业用书。

由于编者水平所限，书中难免有不妥之处，敬请广大读者提出宝贵意见，以便进一步修订和完善。

目录 Contents

第一章　生产概况

我国稻田养鱼在三国时期就有记载，浙江省稻田养鱼历史可追溯至 1 300 多年前。浙江省稻渔综合种养经历了“自给自足”“优质高效”“稳粮增收”为主要特征的三个阶段，目前全省综合种养面积 30 多万亩（1 亩≈667 平方米，15亩＝1 公顷。全书同），遍布除舟山以外 10个市，主要有稻鳖、稻鱼、稻虾、稻鳅等综合种养模式。

一、概 述

中国是世界上最早进行淡水养鱼的国家。河南安阳殷墟遗址出土的甲骨卜辞有“贞其雨，在圃渔”“十一月，在圃渔”的记载;《诗经·大雅·灵台》说:“王在灵沼，于轫鱼跃”，明确记载周文王凿池养鱼的事实。可知早在公元前13世纪至公元前11世纪中国就开始池塘养鱼，距今已有3 000多年的历史。随着淡水养鱼技术的不断发展，养鱼方式也开始多样化。中国的稻田养鱼农作方式，早在1 700年前的三国时期,《魏武四时食制》中就有记载“郫县子鱼，黄鳞赤尾，出稻田，可以为酱”。当时，汉中、巴蜀等地流行稻田养鱼，农民利用两季田的特性，把握季节时令，在夏季蓄水种稻期间放养鱼类，或利用冬水田养鱼。水稻与田鱼共生是一种自我平衡的生态系统，这种系统由于没有化学农药的投放，对周边的生态环境有重大的保护作用，是世界各国锐意要保存的传统农业模式。

鱼类日常于田里畅游，可以为水稻提供天然肥料、翻松泥土以及增加水中的氧气含量，对水稻有除草、松土、保肥施肥、促进肥料分解、利于水稻分蘖和根系发育、控制病虫害的作用；而水稻可为鱼类遮阳蔽日，引来的各种昆虫又为田鱼提供食物。最后，在这片稻鱼和谐共生的环境中，稻田养鱼鱼养稻，稻谷增产鱼丰收。这可以是一个生生不息自我完善的食物链模式。根据调查显示，稻鱼综合种养一年后土壤中的氮、磷、钾含量可分别提高57.7%、78.9%及34.8%，土地的营养大大提升，更有助稻谷增加产量5%~15%。

作为一种农渔结合的生态循环农业典范，稻渔综合种养根据生态循环农业和生态经济学原理，将水稻种植与水产养殖技术、农机与农艺的有机结合，通过对稻田实施工程化改造，构建稻—渔共生互促系统，在水稻稳产的前提下，大幅提高稻田经济效益和农民收入，提升稻田产品质量安全水平，改善稻田的生态环境，具有稳粮增收、生态安全、质量安全、富裕百姓、美丽乡村等多重效应。

20世纪80年代初以来，经各地的大力推广，稻田养鱼得到快速发展。2017年，全国的稻渔综合种养面积发展到2 800万亩，水产品养殖产量194.75万吨。稻渔综合种养区域从传统的山区、半山区，扩大到平原地区的粮食主产区。与此同时，不少水产养殖种类被引入稻田养殖，稻渔综合种养的模式与品种呈现多样化发展趋势，包括稻鱼、稻鳖、稻鳅、稻蟹、稻青虾、稻小龙虾等的共作与轮作等，目前全国已经有27个省（自治区、直辖市）发展了稻渔综合种养。

二、浙江稻渔综合种养产业现状

浙江省稻田养鱼拥有悠久的历史，文化底蕴十分深厚。追溯青田的稻田养鱼历史，最早可至唐睿宗景云二年（公元711年）青田置县，至今已有1 300多年。明洪武二十四年（公元1392年），《青田县志·土产类》中记载“田鱼有红黑驳数色，于稻田及圩池养之”，是有关青田稻田养鱼的最早文字记录（图1-1）。2005年4月，浙江“青田稻鱼共生系统”列为全球首批五个全球重要农业文化遗产保护项目之一（图1-2）。

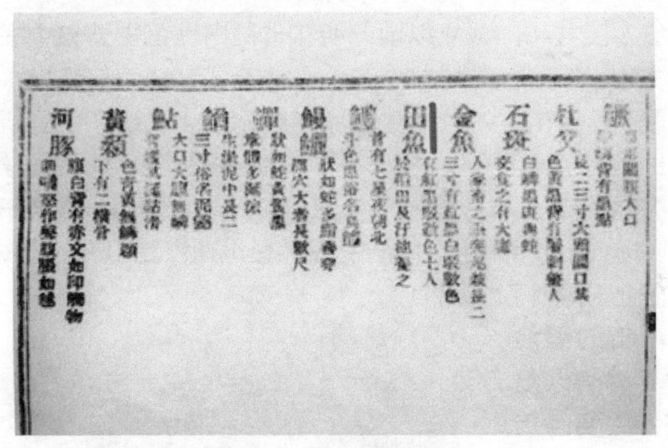

金魚
石斑
田魚 有紅黑駁數色 於稻田及圩池養之
鰻鱺 狀如蛇 大者長數尺
黄顙
河豚

图1-1　青田县志记载

浙江“七山一水二分田”，人均耕地不足半亩，是个农业资源小省。2018年，全省粮食播种面积1 464万亩，粮食总产量599万吨，粮食整体自给率不到40%，是全国第二大粮食主销区。近年来，浙江省面临着稳定粮食生产，保障粮食安全的重大任务，与此同时，种粮农民增收压力不断加大，粮经矛盾、钱粮矛盾较为突出。因此，

图1-2　全球重要农业文化遗产

加快发展稻渔综合种养，在新时期全面实施乡村振兴重大战略的大背景和推进水产养殖业绿色高质量发展的新形势下，意义重大，前景广阔。

（一）浙江省稻渔产业发展历史

中华人民共和国成立以前，浙江省稻田养鱼主要集中在丽水地区。据统计，年养殖面积3.3万亩，约占全省养殖面积的75%，其中青田县就有2万亩。1981年中国科学院水生生物研究所副所长倪达书研究员提出了稻鱼共生理论，并向中央致信建议推广稻田养鱼（图1-3）。1983年，原农牧渔业部在四川召开了全国第一次稻田养鱼经验交流现场会，鼓舞和推动全国稻田养鱼迅速恢复和进一步发展，稻田养鱼在全国得到了普遍推广。

浙江省的稻渔综合种养得到恢复和发展，主要经历了三个阶段。

第一阶段：以"自给自足"为主要特征的传统稻田养鱼。大致在20世纪80年代初到90年代中期，其主要

图1-3　倪达书（左二）考察稻田养鱼

特点是：稻田养鱼分布在青田、永嘉等传统区域，以单家独户养殖为主，种养模式主要是双季稻的平板式养鱼，亩均产量低（10千克左右），相对效益不高。

第二阶段：以"优质高效"为主要特征的新型稻田养殖。大致在20世纪90年代末期到21世纪初期，其主要特点是：伴随着国家大力发展优质高效农业的大好形势，农业产业结构快速调整，由于政策效应和比较效益推动，沟坑式稻田养鱼（沟坑面积占稻田面积20％以上）和挖塘养鱼迅速发展，稻田养鱼区域也从丘陵山区迅速扩大到内陆平原，稻田养鱼的单位产量（100千克以上）和经济效益显著提高。

第三阶段：以"稳粮增收"为主要特征的绿色生态稻渔综合种养。大致自2010年起，实施养鱼稳粮增收工程被列入"十二五"期间全省发展现代渔业、促进稳粮增收的重要工作之一（图1-4），其主要特点是：转变了发展理念，以绿色生态为导向，以稳粮增收、保生态保安全为主要目标，实现稻田养鱼的绿色生态发展和可持续发展。进入"十三五"后，浙江省渔业主管部门和技术推广部门遵循"以粮为主、生态优化、产业化发展"的导向，继续做精做强具有浙江特色的稻渔模式，推进其产业化进程，打造具有竞争力的浙江"稻渔"模式与品牌。

图1-4　全省养鱼稳粮增收现场会

（二）浙江省稻渔综合种养发展现状

1. 规模与布局

据浙江省水产技术推广总站组织的“2018年全省渔业主推品种及主推模式与技术联合行动”统计数据显示，全省综合种养面积30.49万亩，遍布除舟山以外10个市。

其中，推广稻鱼模式26.02万亩，每亩平均产水稻408千克、商品鱼36.9千克，平均效益2 109元。丽水、温州两地发展规模居全省前列，占该模式总面积85%。

推广稻鳖模式1.51万亩，每亩平均产水稻420.8千克、商品鳖96.3千克，平均效益8 544元。湖州、宁波、嘉兴三地发展规模居全省前三，占该模式总面积62.4%。

推广稻虾模式2.96万亩，每亩平均产水稻446.7千克、虾类72.9千克，平均效益3 508元。湖州、嘉兴、绍兴三地发展规模居全省前三，占该模式总面积71%。

近年来，在全国稻小龙虾发展热潮的带动下，嘉兴、湖州等地也开始借鉴兄弟省份稻田小龙虾综合种养技术与经验，开展养殖试验示范，2018年全省新发展1.6万余亩，2019年达到近10万亩。

2. 品牌与营销

近年来，浙江省积极引导扶持合作社和种粮大户着力打造品牌，把稻鱼共生的“绿色、生态、优质、安全”理念融合到品牌宣传、包装和设计中，结合全国稻渔联盟举办的“稻渔综合种养模式创新大赛和优质渔米评比推介活动”、省农业博览会等活动和展会，加以重点宣传推介，有效提升了产业品牌价值，扩大稻渔综合种养优质稻米、水产品的影响力和市场占有率，目前具有较好市场知名度和效益的有德清“清溪米”、余姚“甲谷缘”、绍兴“收富鳖米”、海盐“稻秋御品”、青田“鱼水情”、兰溪“小锦稻鳖米”、龙游“苗下香”、桐庐“稻鳖共生米”等20余个渔米品牌；有德清“清溪花鳖”，桐庐“昊琳”生态甲鱼，安吉“垄下”小龙虾，湖州“浔稻虾”小龙虾，诸暨“和恺”虾，绍兴“老么”青虾等10多个水产品品牌。在近年的全国稻渔综合种养模式创新大赛和优质渔米评比推介活动中，浙江省稻渔综合种养企业累计获得模式技术创新特等奖1项、金奖11项，大米最佳口感奖、优质渔米金奖 10 项。

3. 模式与技术

稻渔综合种养模式从单纯“稻鱼共生”，已逐步形成稻鱼、稻虾、稻鳖 3 大类典型模式，还有稻鳅、稻蟹、稻螺等其他模式。稻渔综合种养模式在各地区因地制宜，进一步本地化，特色明显。

（1）稻鳖综合种养模式。养殖中华鳖主要为中华鳖日本品系、清溪乌鳖、浙新花鳖等新品种。该模式是在田块中开挖沟坑（面积控制在稻田总面积的 10％之内），开展水稻和中华鳖共作（图 1–5），使中华鳖的排泄物成水稻的肥料，鳖还能捕捉部分稻田的害虫，种植的水稻又能吸肥改良品质，使水稻和鳖的病害明显减少，显著提高稻田综合效益，实现稻鳖共赢，真正实现“百斤鱼、千斤粮、万元钱”。

图1–5　稻鳖共生

（2）稻鱼综合种养模式。主要有丽水、温州等地的山区沟坑式和微流水式，以及嘉兴等粮食主产区稻鱼综合种养模式等。稻田开挖鱼坑和鱼沟，面积控制在 10％之内；养殖鱼类主要包括田鱼、鲫鱼、草鱼、花白鲢等（图 1–6），有些套养一些夏花鱼种。以丽水青田县、景宁县等地为例，推广水稻以单季稻为主，部分为再生稻，主要放养田鱼。

图1-6　稻鱼综合种养

此外，稻田养鳅模式是在稻田养鱼模式下衍生发展的一种模式，主要分布在嘉兴、金华等地（图 1-7）。有先鳅后稻和先稻后鳅模式。

图1-7　稻鳅综合种养

（3）稻虾综合种养模式。前期发展的稻虾综合种养模式中的虾主要是指青虾。主要有两种模式，一种模式是“一季稻一季虾”轮作，即利用水稻种植的空闲期养殖青虾，并在6月份完成上市销售，再种植一季晚稻。另一种模式是“一季早稻二茬青虾”，以绍兴、湖州等地区最为典型（图1–8）。

图1–8　稻青虾轮作

除了稻青虾模式，湖州、嘉兴等粮食主产区正成为全省稻小龙虾模式热点区域（图1–9），安吉、嘉善等地区还探索开展了稻小龙虾共生模式，显示出良好的发展前景。

图1–9　稻小龙虾共生

第二章　效益分析

稻渔综合种养实现了一田多用，既能提高稻米品质，增加水产品产出，具有较好的经济效益和市场前景。同时，又能减少稻田农药和肥料使用，改善土壤质量，具有良好的生态效益和社会效益。在农村产业结构调整中，不少地方将发展稻渔综合种养作为农村经济发展的一项重要举措，进行扶持引导。

一、经济价值

（一）营养价值

1. 营养成分

稻渔综合种养主要是水稻与鱼、鳖、鳅、虾等的共作与轮作，其综合营养价值极高。水稻的加工品大米是中国人的主粮，大米的供应保证了人们每天的基本食物来源，而鳖、鱼、虾、鳅等水产品更是人们餐桌上少不了的美味佳肴。

（1）鳖。鳖肉具有鸡、鹿、牛、羊、猪5种肉的美味，故素有“美食五味肉”的美称（图2-1）。鳖的营养成分丰富，据分析，每100克鲜鳖肉含：水分73~83克，蛋白质15.3~17.3克，脂肪0.1~3.5克，碳水化合物1.5~1.6克，灰分0.9~1克，镁3.9毫克，钙1~107毫克，铁1.4~4.3毫克，磷0.54~430毫克，维生素A 0.13~0.2毫克，维生素B_1 0.02毫克，维生素B_2 0.04~0.05毫克，尼克酸3.7~7毫克，热量288~744千焦耳。鳖的脂肪以不饱和脂肪酸为主，占75.4%，其中高度不饱和脂肪酸占32.4%。

图2-1　鳖

（2）田鱼。田鱼是一种变种的鲤鱼，有四种颜色。虽出自稻田而无泥腥味，肉质细嫩，味道鲜美，鳞片柔软可食，营养十分丰富（图2-2）。田鱼的营养成分，每100克可食部分含热量109大卡，碳水化合物0.5克，蛋白质17.6克，脂肪4.1克，维生素A25微克，维生素B_1 0.03毫克，维生素B_2 0.09毫克，维生素E1.27毫克，胆固醇84毫克，烟酸2.7毫克，钾334毫克，磷204毫克，钠53.7毫克，钙50毫克，镁33毫克，硒15.38微克，碘4.7微克，锌2.08毫克，铁1毫克，铜0.06毫克，锰0.05毫克。

图2-2 田鱼

（3）虾。虾营养丰富（图2-3），据分析，每100克鲜虾中含水分78.1克，蛋白质16.4克，脂肪2.4克，胆固醇240毫克，灰分3.9克，维生素A 48毫克，维生素B_1 0.04微克，维生素B_2 0.03毫克，维生素E 5.33毫克，钙325毫克，磷186毫克，钾329毫克，钠133.8毫克，镁60毫克，铁4毫克，锌2.24毫克，硒29.65微克，铜0.64毫克，锰0.27毫克。

a　　　　　　　　　　b

图2-3　虾（a青虾　b小龙虾）

图2-4　泥鳅

（4）泥鳅。泥鳅肉质细嫩鲜美（图2-4），每100克可食部分中含热量100~117千卡，蛋白质22.6克，脂肪2.9克，碳水化合物2.5克，灰分1.6克，钙51毫克，磷154毫克，铁3毫克，维生素B_1 0.08毫克，维生素B_2 0.16毫克，尼克酸5毫克。同等重量下，泥鳅的钙含量是鲤鱼的近6倍，是带鱼的10倍左右。泥鳅含人体所需氨基酸和赖氨酸等较高，还含有大量维生素，其维生素B_1的含量比鲫鱼、黄鱼、虾类高3~4倍，维生素A、维生素C含量也较其他鱼类为高。

2. 食疗功效

（1）鳖。鳖肉性平、味甘。具有滋阴凉血、补益调中、补肾健骨、散结消痞等作用。鳖全身都是宝，其主要功效有：对肝炎和异常功能亢进有控制作用；可提高血浆蛋白含量，促进造血功能，增强体力；降低异常体温升高，消散体内肿块等；有一定的抗癌作用和提高机体免疫的功能；鳖中含铁质、叶酸等，能旺盛造血功能，有助于提高运动员的耐力和恢复疲劳。

（2）田鱼。田鱼体态肥壮，肉质细嫩，营养价值较高。田鱼润肺降燥，益气消肿。中医认为，田鱼味甘性平，入肺肾经，补脾健胃，利水消肿，下气通乳。消化功能不好或有水肿症状的患者，都可多吃田鱼。田鱼含有丰富的维生素群和优质蛋白质，人体消化吸收率可达96%，并含有人体必需的氨基酸、矿物质等；田鱼还含多种挥发性含氮物质和挥发性还原物质，可益气健脾、补肝明目、止咳消肿。浙江省医学研究院认为：常食鲜田鱼有利于健脑、提高智力，具有健体、防衰老、防弱智、提高人体免疫力、美容等功能。

（3）虾。虾营养丰富，且其肉质松软，易消化，对身体虚弱以及病后需要调养的人是极好的食物。虾含有丰富的镁，镁对心脏活动具有重要的调节作用，能很好地保护心血管系统，它可减少血液中胆固醇含量，防止动脉硬化，同时还能扩张冠状动脉，有利于预防高血压及心肌梗死。虾的通乳作用较强，并且富含磷、钙，对小儿、孕妇尤有补益功效。不管何种虾，都含有丰富的蛋白质，营养价值很高，其肉质和鱼一样松软，易消化，而且无腥味和骨刺，同时含有丰富的矿物质，对人类的健康极有裨益。

（4）泥鳅。泥鳅有补中益气、祛除湿邪、解渴醒酒、祛毒除痔、消肿护肝之功能。泥鳅中含有不少的尼克酸，能够帮助人们扩张血管，促进血液循环，降低胆固醇。泥鳅中含有非常多的钙元素和铁元素，还有非常多的磷元素，对贫血等疾病有很好的辅助疗效，可以预防小儿软骨病、佝偻病及老年性骨折、骨质疏松症等。泥鳅中的脂肪大多数都是由不饱和脂肪酸组成的，能够抵抗血管衰老。饮酒后食用泥鳅，还可以减少酒精对肝脏的伤害。

（二）经济效益

稻渔综合种养充分利用了稻田水面、土壤和生物资源开展种稻、养渔，是一种利渔利稻的先进生产方法，稻渔共生，种养结合，实现了一田多用，提升了稻田价值。稻渔综合种养后，稻田减少了施化肥、农药，可节省成本，不仅不影响水稻的生长，还能促进水稻增产，增加水产品产出，总收入和净收入都得到提高。

一些地区的发展思路宽阔，形成水产品加工的产业链，成功的带动了当地农业经济的全面发展。一些地方稻渔综合种养推广比较成功，稻渔综合种养已成为当地农业支柱产业之一，稻田养殖发展内容丰富，创建了一批具有地方特色的农业产品品牌，开发了新产品，丰富了水产品加工内涵，提高了市场竞争力。

二、社会及生态效益

（一）社会效益

单季稻种植地区农闲时间较长，且山区交通不便，经济落后，广大农民群众脱贫致富难度不小。开展山区稻渔综合种养是一个新的扶贫项目，可以拉长产业链，增加就业，同时提高农田的综合效益，增加农民收入。另外稻渔综合种养可稳定山区水产品供应，平抑市场价格，满足“菜篮子”需求，为改善人们膳食结构起了重要的作用。尤其是在一些交通不便地区，发展稻渔综合种养，就地生产，就地销售，有效地解决了“吃鱼难”问题。

随着生活质量的提高和生态环保意识的增强，人们对优质、无公害、绿色农产品的需求不断增加。稻渔综合种养是一种高效生态的养殖模式，在养殖过程中，化肥、农药的施用量和使用次数都大大减少，提高了稻渔的品质，为市场提供了安全可靠的无公害食品。山区青山绿水，自然环境条件优越，规范化稻渔综合种养除了作为第一产业开发外，还可以依托优美的大自然环境与旅游结合，开发第二产业、第三产业，如农业休闲生态园等（图 2-5）。

稻渔综合种养结合在稳粮增收、农业高质量发展、绿色发展、减肥控药、经济薄弱村“削薄”、产业扶贫、高标准农田建设、人工湿地建设、压船减产后渔民上岸、人居环境改善等方面都有重要意义。

（二）生态效益

稻渔综合种养是一种集传统和现代化于一身的农业生态系统，传统表现在种稻和养鱼的这种作业方式上，现代化体现在稻田养殖的生态效益上。稻田生态系统的水稻产量受杂草、水稻害虫、微生物病菌等生物因素的影响，实验证明稻田养鱼有效地控制这些因素对水稻产量的影响。稻渔综合种养除草效果明显，与水稻单种相比，稻渔共生田里杂草密度和生物量分别减少了 82.14％和 88.91％，比农药除草效果还好；防虫害效果显著，能有效控制稻飞虱等常见害虫；鱼虾鳖

图2-5　体验稻渔农事活动

鳅会争食带有纹枯病菌核、菌丝的易腐烂叶鞘，从而达到及时清除病原，延缓水稻病情扩展的目的。

稻渔共生系统中，鱼虾鳖鳅吃进的杂草中30%~40%转化成自身能量，还有60%以上以粪便形式排泄回田中，起到积肥、增肥作用，试验结果显示，养鱼田比非养鱼田有机质增加0.4倍，全氮增加

0.5倍，速效钾增加0.6倍，速效磷增加1.3倍（余国良，2006）。研究证实：由于稻田中鱼虾鳖鳅的活动能起到松土、增温、增氧，使土壤通气性增强以及根系活力增强等作用，使得稻穗长，颗粒多，籽粒饱满，水稻增产。实验证明：稻渔综合种养具有控草、控虫、控病效应，能改善土壤肥力，促进水稻植株生长，改善稻田水体环境的作用。

三、市场前景及风险防范

（一）市场前景

稻渔综合种养对农业结构的战略性调整具有重大意义，已经引起了各级政府的高度重视。许多地方把发展稻渔综合种养作为农村经济发展新的增长点来抓，地方财政连续多年拨出专项资金发展稻渔综合种养，把稻渔综合种养列入地方农业开发项目予以重点扶持。不少县市把发展稻渔综合种养纳入政府的议事日程，通过实施项目工程，使广大农户通过发展稻渔综合种养增收增效。

浙江省也非常重视稻渔综合种养的工作，利用各种渠道积极推广。不少市县政府对从事稻渔综合种养的农户给予资金补助。技术部门通过各种方式积极宣传，组织农民现场参观示范基地，邀请专业农技人员举行专场讲座，设立稻渔综合种养病害监测站，及时为农民解决后顾之忧。

目前，稻渔综合种养的水产品大部分仍以鲜销为主，通过加工技术，制成各种干品、加工品，不但延长了市场供应期，还可远销到其他地区。稻渔综合种养生产出的稻米品质得到提升，价值提高，种粮收益相应增加。随着科学技术的不断发展，稻渔综合种养在养殖技术、品种选育、品质提高、加工深化等方面会不断提升和发展，稻渔综合种养的市场前景十分看好。

（二）风险防范

1. 品种与技术

稻渔综合种养并不是所有地方都可以发展，也不是任何地方都可以优质、高产。因此，发展前首先要选择适宜的环境与土壤，了解地形、地貌与社会经济条件；其次要确定适宜的品种；还要掌握相关的种养技术。当然，各地也可积极组织各类相关的培训活动，种养农户认真了解种养技术，严格按照规程操作，选择适宜的环境条件种养。

2. 规模与效益

目前，稻渔综合种养的主体依旧以小散为主，组织化程度不高，产业化运营的较少。组织化和规模化程度低，意味着养殖所需资源分散、集中度不够，难以在生产和销售等方面形成合力和集聚效应，对稻田养殖区域化布局、标准化生产、产业化运营、社会化服务等均构成制约。而且，从事稻渔综合种养的主体与二三产业融合程度还较低，与乡村旅游业发展的契合度不高，品牌较少，知名度不高，流通渠道不宽，产品附加值增加幅度不大。需要适度规模，推广示范园区化发展，提高防风险能力。

3. 市场与销售

目前浙江稻渔综合种养已有一定的面积，其产出的农产品除稻谷可以通过加工销售或交由国家统一收购外，水产品主要还是依托市场销售，在受到市场行情的波动时，年度间的经济效益也时高时低，影响稻渔综合种养的稳定发展。因此，发展稻渔综合种养须防止自身经济效益受损，随着种养面积的进一步扩大，种养者须谨慎对待。建议进一步提高运输保鲜技术，加快研究加工产品，降低种养风险，获得更佳更高的综合经济效益（图 2-6、图 2-7、图 2-8）。

图2-6　稻田鳖　　图2-7　稻渔米　　图2-8　稻田鲤鱼干

第三章　关键技术

稻渔综合种养主要包括稻鳖综合种养、稻鱼综合种养、稻小龙虾综合种养、稻青虾综合种养、稻鳅综合种养等模式，其关键技术主要是以稻田为基础，主要有田间工程、水稻种植技术和水产品养殖技术，安排好茬口衔接，做好病害生态防控，适时收割和捕捞收获。

一、稻鳖综合种养

稻鳖综合种养是以稻田为基础，以水稻和鳖的优质安全生产为核心，充分利用了动植物间的互作互补效应，减少了农业面源污染，又保证了粮食的安全，起到了养鳖稳粮增收的作用，是一种优质的高效生态循环种养模式（图 3-1）。

图3-1　稻鳖综合种养基地

（一）田间工程

1. 稻田选择

（1）稻田环境。鳖喜静怕惊、喜阳怕风，养殖的稻田应选择在环境比较安静，且远离噪声大的地方，地势应背风向阳。稻田周边基础设施条件良好，水、电、路及通信设施基本具备。

（2）稻田选择。

①水源：虽然水稻田水利设施良好，但水产养殖对水的要求更高，既不能缺水，也不能发生洪涝，养殖的稻田应有良好的水利灌溉

系统。

②水质：水质应符合国家渔用水源水质标准，无农药、重金属及其他工业的污染源。

③保水性：养殖稻田在养殖期间保持水位十分重要。如果稻田渗漏、保水性差，水位保不住，造成水位不稳定，需要频繁加水，则增加操作难度。因此，稻田土质以保水性好的土壤为好，如黏土、壤土等为佳。

④稻田要求集中连片：过于分散不利于规模化养殖与管理，单个田块的面积要因地制宜，能大则大，方便机械操作。

2. 稻田改造

（1）田埂。田埂的主要功能是分隔稻田田块，对于这类功能田埂的建设要求相对低些，而有一些田埂同时作为机耕路或进出种植、养殖场所的主要道路，则建设要求要高一些。田埂的改造一般与沟坑的开挖同时进行（图3-2）。利用挖沟坑的泥土加宽、加高、加固田埂，既解决了田埂改造泥土的来源，又解决了沟坑开挖后泥土的去处与田面的平整问题。

图3-2　田埂改造

①高度和宽度：稻鳖综合种养田块的田埂一般要高出水稻田0.4~0.5米，能保持稻田水位0.3~0.4米；精养田块要求在0.5~0.8米。

稻田田块面积大的田埂面宽度可在1.0~1.5米。作为机耕路或主要道路使用的田埂，要求田埂面宽度为2.5~3.0米，因为要通农机和运输车辆，部分还要绿化，在两边种一些花木。作为主要道路的宽度在3.0~4.0米。

②质量：田埂的土质一般以黏土、壤土等为好，要不渗水、漏

水，泥土要打紧夯实，确保堤埂不裂、不垮、不漏水，以增强田埂的保水和防逃能力。池堤坡度比为 1∶（1.0~1.5）。田埂内侧宜用水泥板、砖混墙或塑料地膜等进行护坡，防止田埂因鳖的挖、掘、爬行等活动而受损、倒塌，并用沙石或水泥铺面。

（2）进排水。

①机埠：机埠一般建在取水的水源地，进水沟、渠或管道将水引至稻田边，经进水口灌入稻田。稻田排水时通过排水口、排水渠或管道排水。进排水系统宜分开设置，但对于一般的稻鳖养殖田块也可以通用。

②进排水沟、管：进排水沟、渠可以用U形水泥预制件、砖混结构或PVC塑料管道建成（图3–3）。根据养殖稻田的规模大小，沟、渠一般深度在60~70厘米，宽度在50~60厘米。进排水管道常用的有水泥预制或塑料管道，直径大小一般在30~40厘米。进水口与排水口可用直径20~30厘米塑料管道铺设而成，成对角设置。进水口建在田堤上，排水口建在沟渠最低处，由PVC弯管控制水位，能排干所有水。进排水口可以设置渔网或金属网，可防止鳖逃脱。

图3–3　进水渠

（3）沟、坑配套。

①沟、坑开挖：稻鳖综合种养的稻田需要开挖沟、坑，沟、坑的开挖要注意以下几点。

一是沟、坑面积占比。沟、坑面积占比，应在不影响水稻产量的条件下协调处理。研究试验表明，在发展稻鳖综合种养模式时，必须将鳖坑的面积控制在10%以内，以保障水稻的产量。

二是沟、坑布局。沟、坑的布局根据稻田的田块大小、形状和养殖品种等具体情况而定。

开挖环沟或条沟比较适合于鳖与其他品种的混养（图3–4）。环沟离田埂3~5米，利于田埂的稳定与水稻的适当密植；环沟的宽度和长度受沟、坑面积占比的影响。一般宽度为3~5米，长度要根据面积占比计算，面积占比不超过10%。环沟深0.8~1.0米。为方便机械作业，如果环沟沿田埂四边开挖，需要留出3~5米宽的农机通道1~2条。条沟在田边开挖方便泥土用于田埂的加高、加固，宽度可以比环沟宽一些，长度根据沟、坑面积占比的控制数而定，深度可以在1.0~1.2米。

图3-4　环沟

②鳖坑：在养鳖的稻田鳖坑较为常用。鳖坑一般为长方形，面积大小控制在沟、坑面积占比10%以内。鳖坑的深度在1.0~1.2米，个数在1~2个。田块面积在10亩以下开挖1个，在稻田的中间或田埂边；稻田面积在10亩以上的可在稻田的两端开挖2个。

鳖坑的四周要设置密网或PVC塑料围栏，围栏要向坑内侧有一定的倾斜，倾斜度10°~15°（图3-5）。当水稻收割放水干田时，鳖

图3-5　鳖坑

会向有水的地方慢慢集聚，当鳖进入鳖坑后由于 10°~15° 的内倾斜，不能重新进入稻田，解决了鳖捕捉较难的问题。

（4）防逃设施。防逃是稻鳖综合种养管理中重要的环节。特别是中华鳖具有掘穴和攀登的特性，能离水逃逸，尤其是在雨天或闷热天。

①防逃设施类型：目前在稻鳖综合种养模式中应用的防逃设施有多种类型。

一是固定的防逃设施。主要有水泥砖混墙和水泥板（图 3-6）。这类设施建设成本高，但是坚固耐用，而且在冬闲季节可以蓄水养殖，适合于稻田租用期长、规模较大的种养殖区。

图3-6　防逃墙

二是简易的防逃设施。主要由彩钢板、密网、PVC 塑料板、塑料薄膜等材料围成（图 3-7）。这类设施好处在于简单、实用，投资少，但不足之处是只能起防逃作用，不能蓄水，而且使用年份不长，需要经常维修与更换。

②建设要求：用水泥砖混墙和水泥板建成的防逃围墙，墙高要求 60~70 厘米，墙基深 15~20 厘米，防逃墙的内侧水泥抹面、光滑，能蓄水，四角处围成弧形。顶部加 10~15 厘米的防逃反边。对于用 PVC 塑料板、彩钢板、密网等围成的简易防逃围栏，高度在 50~60 厘米，底部埋入土 15~20 厘米，围栏四周围呈弧形，每隔一段距离设置一根小木桩或镀锌管，高度与围栏相同，起加

图3-7　彩钢板防逃设施

固围栏作用。

（5）防敌害设施。传统的稻田养鳖中的主要敌害有老鼠、水蛇及鸟类等。目前鸟类对稻田中养殖的种类为害较大。

主要的鸟类为白鹭、灰鹭等，尤其以白鹭为主。白鹭主要捕食小规格的幼鳖。白鹭群体数量大，喜欢集群性捕食，而稻田水浅，十分不利于养殖品种的逃避，特别是在稚鳖、幼鳖放养初期，会被大量捕食，需要采取有效的措施加以防范。防鸟类的方法主要是设置防鸟网，防鸟网设置要求不伤害鸟类。

①防鸟网：一是用大网目的渔网制成。在稻田上方每隔8~10米立一根木（竹）桩或镀锌管，桩（管）高1.5~2.0米，打入泥中10~15厘米（图3-8）。二是用直径0.2毫米细胶丝线制成。在两个桩上拴牢、绷直，形状就像在稻田上面画一排排的平行线，平行线与平行线的间距20~30厘米，高度略高于水稻植株。

图3-8　防鸟网

②设置区域：稻田面积大，在田块上方全部覆盖防鸟网效果虽然好，但费用相对较大而且费工。简单实用的方法是在鱼沟、坑等重点区域上方设置防鸟网，进行重点防护。

（6）投饲台。稻鳖综合种养稻田中的天然饵料不能完全满足鳖的需要，因此，要在养鳖的稻田中设置投饲台，用于合理投喂配合饲料。

鳖用配合饲料投饲台有投喂软颗粒饲料和投喂膨化颗粒饲料两种。

用于投喂软颗粒饲料的投饲台一般可用水泥板、木板、彩钢板或石棉瓦等制成，设置在沟、坑的周边。投饲台设置成倾斜状，倾斜 15°～20°，约 1/3 淹没于水中，2/3 露出水面，将鳖饲料投喂在离水不远处。用于投喂膨化颗粒饲料的投饲台可用直径为 5～7 厘米的 PVC 管围成长方形或正方形，漂浮在沟、坑上。一般一个坑设置一个，长 3～5 米、宽 2～3 米，可以将膨化颗粒饲料直接投喂在投饲台内。

（二）水稻种植管理

1. 品种选择

在稻鳖综合种养中，水稻品种以选用高产、优质、抗病、分蘖力强、耐湿抗倒性好的中迟熟晚粳稻品种为宜。根据生产实践，常规晚粳稻品种可选用嘉 58、秀水 134、浙粳 99、嘉禾 218 等，杂交晚粳稻品种如嘉优 5 号等，籼粳杂交稻品种如甬优 538、嘉优中科 1 号、甬优 15 等。除了上述的水稻品种外，还有一些品种如常规晚粳稻秀水 110、秀水 14 等，籼粳型杂交稻浙优 18、甬优 538 等皆可种植。

2. 水稻育秧

水稻育秧包括种子处理、精做秧板及播种等环节。

（1）种子处理。水稻种子处理主要做好晒种、选种、种子消毒、浸种和催芽等工作。

①晒种：在播种前将种子摊薄抢晴天翻晒，提高种子发芽率和发芽势。晒种方法一般是将种子薄薄地摊开在晒垫上或水泥地上，晒种 1～2天，勤翻动，使种子干燥度一致。

②选种：选种可采用风选的方法去除杂质和秕谷，再用筛子筛选，去除种谷中携带的杂草种子。通过选种使种子纯净饱满，发芽整齐。

③浸种：浸种有利种谷均匀地吸足水分，当种谷吸收水量达到其重量的30%~40%，即达饱和吸水量，此时最利于萌发，水温30℃时约需24小时，水温20℃时约需48小时。杂交水稻种子不饱满、发芽势低，采用间隙浸种或热水浸种的方法，可以提高发芽势和发芽率。水稻种子浸种时，要进行药剂处理，以消灭种传病害。

④催芽：当前单季晚稻或工厂化育秧的种谷只要破胸露白就可以播种。注意谷芽标准为根长达稻谷的1/3，芽长为1/5~1/4，在谷芽催好后，置室内摊晾4~6小时。

（2）精做秧板。适龄移栽条件下，秧田与大田面积的比例为手插秧1∶10，机插秧1∶80，秧田要选择土质松软肥沃、田平草少、避风向阳、排灌便利的田块。秧板要平整水平，上虚下实，软硬适度。秧板宽1.50~1.67米，沟宽20厘米，周围沟深20厘米。

（3）播种。根据晚粳稻品种生育期特性、茬口、栽插期及移栽时间进行。生育期长的品种要早播，播量少，秧龄长；生育期短些的品种，可适当迟播，播量可适当增加，以秧苗基部光照充足，生长健壮为标准。一般手插秧每亩秧田播种量，常规晚稻为30~40千克，杂交晚稻秧田播种量15~20千克。播种时间一般在5月上中旬为宜。

工厂化育秧应根据苗床规格，合理摆放秧盘，摆放秧盘时要压紧、压实，使秧盘底部每个小孔穴都与池面紧密贴合，达到紧贴不悬空（图3-9）。播种时先向已摆放平整的盘孔穴内添加2/3的过筛营养土，然后将催芽露白的种子播2/3、留1/3补空穴，保证每个孔穴均有2~3粒种子。播后覆盖营养土，达到谷不见天，用压板压实，并刮去盘面上多的营养土，达到孔穴界面上无存土，以防秧根互相粘连。再用细眼喷壶浇足水分，待吸干后再喷。使盘孔内

图3-9　育秧盘

水分达到饱和，然后喷施除草剂进行化学除草。

旱育秧播种时一定要浇透浇足苗床底水，然后将稻种分畦定量均匀撒播在苗床面上，再用包上薄膜的木板轻轻镇压，使种子三面入土，再撒盖一层0.5厘米左右的细泥土，切实盖匀盖严，以不见种子为度。再用化学除草剂喷施畦面，最后盖膜压严四周，保温保湿。

3. 水稻移栽

（1）整田施肥。精细整田，达到田面平整。移栽前结合稻田翻耕每亩施有机肥1 500~2 000千克，结合耙田每亩施钙肥40~50千克，钾肥8~10千克作底肥。

（2）适时移栽。单季晚稻育秧机插或旱育秧的秧龄控制在15~18天（图3-10），手插移栽的秧龄控制在20~25天，5月下旬至6月初移栽水稻。水稻种植方式宜采取大垄双行方式，有利于鳖在田间穿行和改善田间通风透光条件，增加植株有效受光量，提高光合生产率，有利于改善田间小气候，扩大温差，降低温度和减少病虫害发生。同时适当增加鱼沟两边的栽插密度，充分发挥边际优势。每亩插8 000~10 000丛。

图3-10　机插秧

4. 水位管理

水稻移栽后应提高水位，水稻返青期田面水深保持15~20厘米；水稻返青后，稻田水深保持在5~10厘米；7月中下旬降低田面水位适当搁田，以促进水稻根系深扎避免倒伏。随水稻长高，可加深至15厘米；9月中下旬逐渐降低水位，便于水稻收割；收割稻穗后田水保持水质清新，水深在50厘米以上。

5. 施肥管理

针对水稻各生长阶段的需肥特点，结合产量构成因素，为达到高产丰产目的，必须准确掌握施肥时间，同时根据田块肥力决定施肥量。每亩一般分蘖肥施尿素 10 千克，复合有机肥 20~30 千克；穗肥施尿素 3~4 千克；一般除稻田肥力较高或抽穗期肥效充足的田块外，齐穗期追施氮肥或叶面喷氮或磷酸二氢钾对提高结实率、增加粒重均有良好的效果。

（三）鳖的养殖管理

1. 品种选择

鳖是稻鳖综合种养模式中主要的水产养殖对象，也是提高稻田综合效益的关键物质基础。因此，在进行稻鳖综合种养时要选择优良的养殖品种。

图3-11　中华鳖日本品系

（1）中华鳖日本品系。中华鳖日本品系生长快，抗病能力强，生长速度较常规快 25% 以上，特别在室外水体养殖时，其生长与抗病性能更显优势，适应于大规格商品鳖的养殖（图 3-11）。

（2）清溪乌鳖。清溪乌鳖主要特征是腹部与其他品种不同，呈乌黑 / 灰色，故名乌鳖。其生长与太湖花鳖无明显差异，但因其体色乌黑或乌灰，营养丰富、味道鲜美，市场销售好，价格高，深受消费者青睐（图 3-12）。

（3）浙新花鳖。浙新花鳖是以清溪乌鳖为父本，中华鳖日本品系为母本杂交而成的新品种，其主要特征为腹部有大花斑，具有生长快、抗病能力强的特性（图 3-13）。目前市场上，较大规格的商品鳖价格与销路均好于小规格的商品鳖。

2. 成鳖养殖

稻田成鳖养殖是稻鳖综合种养的基本模式。由于各地的地理位置、稻作方式不尽相同，采用的养殖方法也有变化。

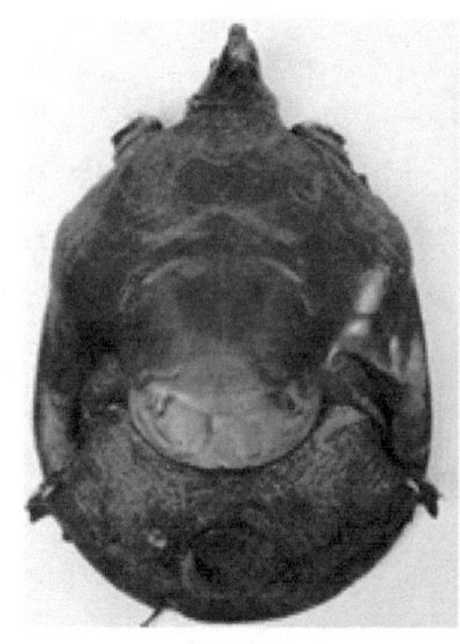

图3-12　清溪乌鳖

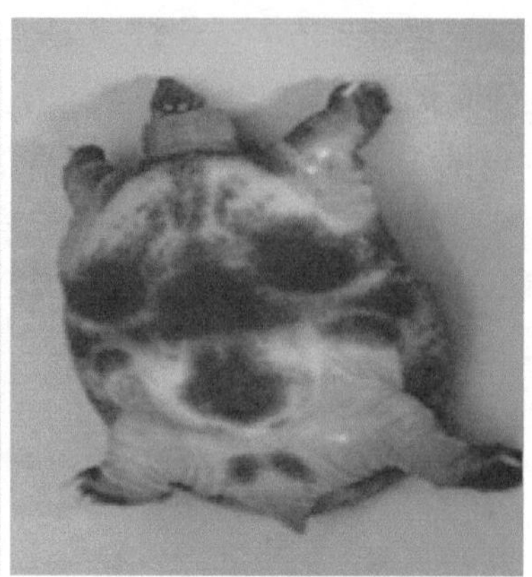
图3-13　浙新花鳖

（1）消毒。每亩用约100千克的生石灰化浆后全田泼洒，重点在沟、坑。

（2）放养密度。无论是双季稻田还是单季稻田，其放养的鳖种规格、密度等要求相似。在稻田中放养体重400~500克的大规格鳖种。大规格鳖种主要是温室培育。这种放养模式可以实现当年放养、当年收获，养成后鳖的质量安全与品质均能得到保障。放养的密度要根据田间工程建设的标准高低、养殖者经验、技术等情况而定。田间工程标准高、养殖者有经验的每亩放养500~600只，条件一般的200~300只。鳖种的质量要求是无病、无伤，体表光滑、有光泽，裙边坚挺及肥满度好的鳖种。

（3）放养季节。鳖要放养到露天水域中，一般要求水温稳定在25℃以上。双季稻田一般在4月中下旬到5月上中旬，单季稻田则在5月中旬开始。在放养时，如果水稻还未插秧或未返青，可以先放入沟、坑中，待水稻插秧返青后再放入大田中。如果插秧的水稻已经返青，可以直接将鳖种放入稻田。

（4）投喂饲料。稻鳖共生的稻田，鳖的放养密度是一个十分重要的参数，放养少，控制虫害、杂草及肥田的效果不明显，鳖稻综合种养的效益也不能充分显示。因此，要有合理的养殖密度，实行半精养或精养。

稻田中有鳖的天然饵料，如各类底栖动物、水生昆虫、螺蚬、野生小鱼虾及水草等，但这些天然饵料不足以满足放养的鳖的生长发育需求。因此，必须投喂人工配合饲料。

鳖的饲料有粉状料和膨化颗粒饲料两种，近几年来，膨化颗粒饲料的使用越来越普遍（图3-14）。当水温达到并稳定在28℃，不超过35℃时，要加大投喂量。日投喂占体重的2%~3%，上午、下午各投喂一次。当水温下降时，逐步减少投喂量，投喂的场所设置在开挖的坑中的投饲台（框）内。当水温下降到22℃以下时停止投喂。

（5）养殖管理。稻鳖综合种养时，鳖的管理除要充分协调种稻与养鳖的关系外，还要注意以下几个方面：

图3-14 膨化颗粒饲料

①防逃：鳖在稻田沿着防逃围栏周边爬行，尤其刚放养后或遇到天气闷热、下雨天等，如防逃围栏有破损，田埂有漏洞、倒塌，会引发鳖的出逃。

②鳖的摄食和活动状况：稻田水浅，田水的环境与其他水域环境相比容易变化，不稳定。因此，要随时观察鳖的活动与摄食情况。此外，要定期抽样检查鳖的生长情况。

③关注水位变化：要根据水稻种植需要的实际情况，尽量提高稻田的水位。尽管鳖是爬行动物，对水的要求不如鱼、虾等其他品种，但如能保持适当的水位有利于鳖的生长。

（四）病虫害防控

1. 水稻病虫害防控

（1）主要病虫害。水稻主要病害有稻瘟病、纹枯病、稻曲病等；主要害虫有稻飞虱、稻纵卷叶螟、稻螟等。其中稻瘟病、纹枯病、稻曲病这三种病发生地域广、流行频率高、危害程度重。

稻瘟病在水稻各个生育期和各个部位都有发生，应以选抗病品种为主。

水稻纹枯病在水稻整个生育期均可发生，以抽穗前后为盛。主要为害叶梢、叶片，严重时可侵入茎秆并蔓延至穗部。主要抓好农业防治，以稀植通风、有机质肥料为主。切忌在水稻生长中后期大量施用氮肥。

稻曲病只发生于水稻穗部，为害部分谷粒，是近年来发生为害最严重的水稻病害。可在水稻破口期做好药剂防治，就能达到理想效果。

（2）防治方法。在水稻病虫害防治上，必须坚持“预防为主，综合防治”的植保工作方针。以种植抗病虫品种为中心，采取以健壮栽培为基础，药剂保护为辅的综合防治措施。加强田间调查，及时掌握病虫害发生情况。选用抗病抗逆性强、抗虫的品种、培育壮秧、合理密植、合理施肥、科学灌水；及时清除遭受病虫危害的植株，减少田间病虫基数；水稻收获后及时翻耕稻田，冬季清除田间及周边杂草，破坏病虫害越冬场所，降低翌年病虫害基数和病虫害发生率。在稻鳖综合种养稻田中，水生动物能摄取水稻中的害虫，可以显著降低害虫密度。但由于水生品种的存在，水稻的病虫害防治不能按照传统方法用药，用生态方法控制水稻病虫害显得尤为重要。一是石灰水浸种，消灭种传病害。二是干塘消毒晒塘，生石灰全田施用，消毒抑制水稻真菌性病害。插秧前排干稻田，每亩用生石灰50~100千克消毒处理，并晒塘7~10天，时间充裕的可以更长。消毒晒塘时间是5月底、6月初或者晚稻收割后。三是灌水杀虫卵，控制稻飞虱为害。在7月中旬白背飞虱若虫孵化高峰前、8月中下旬第四代褐稻虱若虫孵化高峰前、9月中下旬第五代褐稻虱若虫孵化高峰前，适当灌深水，达到有效驱虫杀卵及消除稻飞虱在水稻叶鞘上产卵的场所的目的。四是冬、春季灌水养鱼灭草杀蛹，以鱼抑草控虫害、草害。

11月初水稻收获后，稻草全部还田，放水40~50厘米，灌水杀虫蛹，时间从11月初至翌年5月上中旬；每亩放养规格每尾约1千克的草鱼50~100尾（图3-15）。利用草鱼吃食田间杂草及遗落的稻谷，不投喂任何鱼饲料。同时，放养少量的小龙虾（每亩1.5千克）。经处理，晚稻插秧后与多年养殖田改种水稻一样，大型杂草基本上看不到，控草效果较理想。

图3–15　放养草鱼

在稻鳖养殖模式中，水稻病虫害的发生率较低，一般采用生态调控就能达到理想的病虫控制效果，但有时遇到气候、环境等变化也会发病。由于养殖的水产品种存在，在使用农药时要尽量选用生物农药，如 Bt 乳剂、杀螟杆菌、井冈霉素等对稻纵卷叶螟、稻螟、水稻纹枯病菌有较好的防治效果。

2. 鳖病防控

鳖的病害随着养殖年份增加和养殖的集约化程度提高而有增加的趋势。在稻鳖种养模式中，由于鳖的养殖密度大幅降低，稻鳖共生、稻鳖轮作的互利，鳖病的发生会显著减少。但在鳖种放养初期还会经常发病。因此，对一些主要的鳖病防治也要引起重视。

（1）主要病害。目前在养殖中危害较大的病害有白底板病（出血性肠道坏死症）、红脖子病、鳃腺炎病、白斑病、腐皮病、穿孔病、红底板病等，近几年又发现软甲病、摇头病等。其中，危害性较大的病害有白斑病、白板病、穿孔病、头部畸形和粗脖病等。

①白板病：鳖种从温室转入池塘养殖后不久，气候变化较大，易发生此病。温度急剧变化为重要诱因之一。发病症状为腹甲苍白，呈极度贫血状，大部分内脏器官均失血发白。病程发展较快的个体，胃

内有积水或异物，肠套叠，肝有血凝块。

②穿孔病：发病无明显季节性，各生长阶段均可发生。发病症状为表皮破裂，露出骨骼，出现穿孔。

③粗脖子病：常年发生，主要流行季节为5—9月。有极强的传染性，病程短且死亡率高。发病症状为全身浮肿，颈部异常肿大，有时口鼻出血。

④头部畸形：主要发生于温室转外塘后。发病症状为头部畸形，伴有背甲疖疮。

（2）鳖病防治。鳖病的防治要坚持“预防为主，积极治疗，防重于治”的原则，通过饲养与管理达到减少发病或不发生重大疾病的目标。

①生态防治：生态防治是鳖病防治的基础与关键。主要措施：一是在稻鳖共生期间，水稻插秧密度要适当低些，以增加透气性。可采用大垄双行的插秧，每亩种植8 000~10 000丛，养殖成鳖控制在每亩500只左右。二是用生石灰或漂白粉进行消毒，从而最大限度减少疾病的发生，定期用15~20毫克/升的生石灰或2毫克/升的漂白粉泼洒。稻鳖共生的田块，5—6月和8—9月雨水多，突变天气情况多，可适当增加消毒次数。三是鳖的饲料要采用“四定”方法（定时、定位、定质、定量）进行投喂，日投饲量根据气温变化，正常时占鳖体重的2%~3%，一般为每天7—9时和16—17时各投喂一次，并根据摄食情况，酌情增减投喂量，以1~2小时内摄食完为宜。

②药物防治：稻鳖共作模式下中华鳖养殖密度较低，基本不发病，如发现鳖病，应确诊后对症下药。同时，药物的使用要科学合理，不滥用，严格按照国家有关规定执行。

鳖病的给药方法有鳖体消毒、水体消毒和药饵等。在水体中，可以采用水体消毒的方法。常用的漂白粉的浓度一般为5~10毫克/升，生石灰的浓度20毫克/升。对于抗生素药物应根据规定用药，一般用药饵。用氟苯尼考、新霉素时，每千克饲料拌药3~5克，日投喂一次，连续投喂3~4天。

（五）稻鳖收获

1. 水稻收割

水稻收割可以用传统的人工收割，也可用机械收割。对一些养殖规模不大、稻田田块分散又小的，可用人工收割。对于稻田田块集中连片、养殖规模较大的则要用机械收割，节省收割的劳动力成本。

对于规模化经营的业主，一般将收割后的水稻晒干或烘干，当水分下降到 14％后进行储存、加工。储存的温度控制在 20℃以下，根据市场销售情况进行加工，保障稻米的质量。加工后的稻米经包装后即可出售。一般情况下，稻鳖田产出的大米因为质量安全而且品质好，经过商标注册与合适的包装，深受消费者青睐。

2. 鳖的收捕

当鳖的规格达到 1 千克以上或稻鳖共生一个生长周期后可以根据市场需求进行收捕。收捕可采用钩捕、地笼或鳖沟、坑内捕获等方式。用钩捕、地笼等方法一般适用于平时的零星捕捉。鳖的大批量起捕一般要在水稻收割后进行（图 3–16）。

图3–16　鳖的收捕

主要方法是在水稻收获前开始排水搁田。搁田时，灌“跑马水”为主，使鳖进入沟、坑。由于鳖坑四周设置一道栏网，栏网向整坑内倾斜，鳖爬入鳖坑后不能进入稻田。在水稻收割时，稻田中养殖的鳖基本上已经集中在鳖坑中，此时可以集中捕获。

二、稻鱼综合种养

稻鱼综合种养是根据水稻与鱼的共生互利特点及两物种生长发育对环境的需求，合理配置时空，充分利用土地资源的一种生态种养结合模式。近年来随着稻田养殖技术进步，稻田养鱼方式发生较大变化，已从过去的粗放型养殖向稻鱼提质增产型的稻鱼共生、稳粮增效型的稻鱼轮作方式转变，形成了具有浙江特色的稻鱼综合种养模式，促进了粮食稳定和农民增收，实现了稻鱼的双丰收（图 3-17）。

图3-17　稻鱼共生

（一）田间工程

1. 稻田选择

选择有良好的光照条件，水源充足，水质好，无污染，有独立的灌排系统，排灌方便。耕作层深厚，不漏水的田块。同时要求保水力强，不漏水，能保持稻田水质条件相对稳定。稻田土壤要肥沃，有机质丰富，稻田底栖生物群落丰富，能为鱼类提供丰富的饵料生物。土壤如果呈弱酸性，进行稻田养鱼时可施用生石灰来调节水体酸碱度，以达到养鱼水体弱碱性的要求。

山区养鱼稻田选择时应考虑雨水季节稻田不会因遭受洪涝而造成田鱼逃逸，同时也不能选择泥石流和塌方风险高发区。

2. 工程建设

（1）加高、加宽田埂：由于一些鱼有跳跃的习性，食鱼的鸟会将田中的鱼啄走。同时，稻田中常有黄鳝、田鼠、水蛇打洞引起漏水跑鱼。因此，在稻田整修时，必须将田埂加宽、加固、增高。稻田起垄，垄上种稻，沟内养鱼。

（2）开挖鱼凼、鱼沟：为满足稻田浅灌、搁田、施药治虫、施化肥等生产需要，或遇干旱缺水时使鱼有比较安全的躲避场所，需要开挖鱼凼和鱼沟。鱼凼面积占稻田面积的8%左右，每块田一个，由田面向下挖深1.5~2.5米，由田面向上筑埂30厘米，鱼凼面积50~100平方米，视稻田面积而定。田块小者，可几块田共建一凼，平均每亩稻田拥有鱼凼面积50平方米。鱼凼位置以田中为宜，不要过于靠近田埂，每凼四周有缺口与鱼沟相通，并设闸门可以随时切断通道。视田块大小，可以开挖成环形、“一”字形、“十”字形或“井”字形等鱼沟，沟宽1.5米，深1.8米。鱼沟、鱼凼的面积占稻田面积不超过10%（图3-18）。

在冬季开挖鱼沟、鱼坑或旧的鱼沟、鱼坑修整时，每亩用30千克以上的生石灰撒施消毒，撒石灰时田中应无积水，撒施后一星期再灌水，并每亩施300千克腐熟粪肥培肥水质，再过4~5天后放养鱼种。

（3）安装拦鱼栅：稻田进、排水口应设在相对应的两角的田埂上，进水口要比田面高10厘米左右，排水口要与田面平行或略低一

图3-18　鱼沟、鱼坑

点。有条件的稻田进、排水应分开，不应串灌。进、排水口应当筑坚实、牢固，安装好拦鱼栅，防止鱼逃走和野杂鱼等敌害进入养鱼稻田。拦鱼栅一般可用竹子或铁丝编成网状，其间隔大小以逃不出鱼为准，拦鱼栅要比进、排水口宽30厘米左右，拦鱼栅的上端要超过田埂10~20厘米，下端嵌入田埂下部硬泥土30厘米左右。

（4）搭设遮阳棚：稻田水位浅，尽管开挖了鱼沟，但在夏秋烈日下，水温最高可达39~40℃，导致鱼类难以忍受。因此，建议在鱼沟上搭设遮阳棚，以防止水温过高不利于鱼的生长。

（5）搭建饵料台：搭建饵料台是为了观察鱼类吃食活动情况和避免饵料浪费，每一田块需搭建1~2个饵料台。用直径5厘米的PVC管做成边长1~1.5米的正方形或长方形饵料台，固定在环沟中。

（二）水稻种植管理

1. 品种选择

（1）根据种养模式选择水稻品种。稻鱼综合种养模式一般采用旱育秧和塑盘育秧，通常为稀植栽培。在选择品种时应尽量选择茎秆粗壮，穗型偏大、抗逆性强、分蘖力高、丰产性好、营养价值高、米质优良的水稻优良品种，如嘉禾 218、嘉 67、甬优 15、嘉优中科 3 号等（图 3-19）。

a　　　　　　　　　　b

图3-19　水稻优良品种（a甬优15　b嘉禾218）

（2）根据当地自然气候特点选择水稻品种。应根据当地的积温高低、年均降水量、水资源丰盈程度、生育期长短、土壤供肥能力、栽培技术水平、病虫害发生特点等情况选择良种。平原应注意水稻品种的抗白叶枯病能力，山区应注意水稻品种的抗稻瘟病能力。

（3）根据市场经济需要选择水稻品种。随着社会生活水平的不断提高，人们对稻米品质的要求也随之提高，外观品质与口感较好的优质稻米越来越受广大消费者青睐，市场上优质米价格明显高于一般稻米，优质稻米市场前景广，比较效益高，所以在选择水稻品种时要尽量考虑市场因素，做到以消费者需求为出发点和落脚点，以市场为导向来选择优良品种。

（4）根据成熟期长短选择水稻品种。不同水稻品种的生长期不同，所以在选择水稻品种时要因地制宜，根据农业气候选择相应生长期的水稻品种。

（5）必须从正规渠道选购水稻品种。在选购稻种时一定要从正规渠道选购，选择“三证”（种子销售许可证、种子质量合格证、经营执照）齐全的稻种，选择国家已经审定推广的优良品种，有效防止购买到假种、劣种和不合格品种。同时，还要选择标准化和规范化良种，如良种包装、合格证、说明书、标签、名称、品种特性、适应范围、注意事项等要一应俱全。

2. 水稻育秧

水稻育秧包括晒种、选种、浸种、催芽、精做秧田及播种等环节。

（1）晒种、选种。在播种前将种子摊薄抢晴天晒两天，提高种子发芽率和发芽势。选种可采用风选的方法去除杂质和秕谷，再用筛子筛选，去除种谷中携带的杂草种子以免造成移栽后大田草害影响。

（2）浸种。浸种有利种谷均匀地吸足水分，当种谷吸收水量达到其重量的30%~40%，即达饱和吸水量，此时最利于萌发。种谷吸收水分的速度与温度有关，温度低吸水速度慢，温度高吸水速度快。一般杂交稻品种可控制在36~48小时，常规稻品种浸足48小时。水稻种子浸种时，要进行药剂处理，以消灭种传病害，浸种后用清水洗干净催芽。

（3）催芽。催芽要求是“快、齐、匀、壮”。快，即催芽在2天左右，其中24小时内破胸；齐，要求发芽率达到85%以上；匀，芽长整齐一致，保持催芽温度30℃长芽；壮，幼芽整齐粗壮，根芽长比适当，颜色鲜白，气味清香，无酒味。当前单季晚稻或工厂化育秧的种谷只要破胸露白就可以播种。催芽后用药剂拌种，防治稻蓟马、灰飞虱等。

（4）精做秧田。秧田与大田面积的比例在适龄移栽条件下，手插秧为1∶10，机插秧1∶80，秧田要选择土质松软肥沃、田平草少、避风向阳、排灌便利的田块。要耕翻晒垡，施足腐熟基肥，耙平耙细，秧板要平整水平，上虚下实，软硬适度。秧板宽1.50~1.67米，沟宽20厘米，周围沟深20厘米。

机插秧培育前期准备：营养土配制，用40%的腐熟有机肥与细泥土分别过筛后混合均匀，待用。

（5）播种。根据品种生育期特性、茬口、栽插期及移栽时间进行。生育期长的品种要早播，播量少，秧龄长；生育期短些的品种，可适当迟播，播量可适当增加，以秧苗基部光照充足，生长健壮为标准。手插秧每亩秧田播种量常规晚稻为30~40千克，杂交水稻

15~20千克。播种时间一般在5月上中旬为宜。

工厂化育秧及旱育秧，机械插秧的应用塑料硬盘育苗（58厘米 × 28厘米），一般常规晚粳稻每盘均匀播破胸露白芽谷120~150克，杂交晚稻播80~100克。压子覆土后，浇透水。

3. 水稻移栽

（1）精细整田、施足底肥。当年在水稻收后及时翻耕，翻埋残茬，翌年在水稻栽前再进行精细整田，达到田面平整。基肥坚持有机肥为主，氮、磷、钾配合施用。栽前结合稻田翻耕每亩施有机肥1 500~2 000千克，结合耙田每亩施普钙40~50千克、钾肥8~10千克作底肥。

（2）适时播种，适当早栽。单季晚稻育秧机插或旱育秧的秧龄控制在15~18天，手插移栽的秧龄控制在20~25天。

（3）基本苗的确定。常年种植水稻的田块，每亩种植8 000~11 000丛，基本苗2万~3万为宜。

（4）适时移栽。目前有多种移栽方法，但主要有以下两种：一是人工插秧，大田培育的秧苗，主要靠人力手工栽培；二是机械插秧，塑料育秧盘培育的秧苗，主要是用插秧机代替人工，大面积种植成本低。

秧苗移栽是水稻种植的关键环节之一。手插秧要做到“匀、直、稳”。匀，即行株距要均匀，每穴的苗数要匀，栽插的深浅要匀；直，即要注意栽直，不栽“顺风秧”“烟斗秧”；稳，即避免产生浮秧，不栽“拳头秧”“脚塘秧”。

机插秧具体要做到以下几点：一是适宜水深。一般要求2~3厘米。二是田面硬度适中。保持田面合适的硬度，检查方法是食指入田面约2厘米划沟，周围软泥呈合拢状。三是合适的播插深度。机播合适的播插深度一般在2厘米左右，人工播插的深度在1.0~1.5厘米，钵育苗摆栽体与泥面平，钵育苗抛秧面入泥2/3为好。四是适龄壮苗。要求3.1~3.5叶的旱苗中苗或4.1~4.5叶的旱育大苗。五是合理密植。稻鱼综合种养的稻田为弥补因开挖沟、坑而减少的播插面积，在沟、坑周边要适当密植，以充分利用水稻的边际效应，使基本苗保持基本稳定。

4. 田间管理

（1）秧田管理。

①科学管水：水稻种子播种后，保持秧板湿润，土壤通气，以利于扎根立苗。一般掌握晴天满沟水，阴天半沟水，寒潮来临前夜间灌露心叶水，清晨立即排干水，二叶期后开始保持浅水层。对于旱育秧，播种后要保持秧盘内泥土的湿润，保持每天（白天）1~2次喷水，促使秧苗健康生长。

②秧苗管理：秧田播种前杀灭老草；播种后必须抓准时机杀草芽，尤其是稗草，一定要消灭在二叶一心前，对以稗草为主的杂草群落，应该以封闭化除草为主，把杂草消灭在萌发期和幼苗期。

③防治病虫：要注意秧田水稻绵腐病、立枯病、稻瘟病、稻蓟马、稻螟虫、叶蝉等病虫的发生并及时防治。

（2）大田管理。水稻插秧以后，进入大田管理阶段。大田管理主要包括返青期、分蘖期、孕穗期和抽穗结实期等几个阶段的管理。

①返青期管理：返青期要保持合理的水位，浅水湿润灌溉，晴天灌3~5厘米水，阴天灌刮皮水，雨天可排干水。

②分蘖期管理：水稻移栽后5~7天可以施肥，每亩用尿素10千克，复合有机肥20~30千克，促进有效分蘖。对于肥力较好的稻鱼种养田块可根据情况少施或不施肥。当秧苗数达到所要求的穗数的80%时，就可以开始搁田，要多次搁田。

③孕穗期的管理：湿润灌溉，浅水勤灌，以“跑马水”保持湿润状态，不可断水。幼穗分化期是水稻需养分的高峰期，稻鱼种养稻田可以根据田块的实际肥力决定肥料的施用，如需要，每亩可施3~4千克尿素。

④抽穗结实期管理：抽穗结实期田间要有充足的水分满足其需要，但如长时间的深水位则往往会使土壤氧气不足，根系活力下降。因此，灌溉要干干湿湿，如土壤肥力不足则需要补肥。到水稻进入黄熟期则要排水，使田鱼进入鱼沟、鱼溜。收割时，做到田间无水，收割机械能下田。

（三）淡水鱼养殖管理

1. 鱼种放养

目前，稻田养鱼品种也由原来单一的鲤等，发展到混养鲫、草、鲢、鳙等品种；或者以养鲫为主，搭配鲢、鳙等。不同地区可根据不同情况选择一种或多种放养品种。在池塘中养殖的水生动物种类，除冷水性鱼类、肉食性鱼类等，一般都适合稻田养殖（图 3-20、图 3-21）。

图3-20　稻田养田鱼

（1）鱼种消毒。鱼种在放养前，要进行药物消毒。常用药物有 3%~4%的食盐水、8毫克 / 千克浓度的硫酸铜溶液、10毫克 / 千克的漂白粉溶液、20毫克 / 千克的高锰酸钾溶液等。漂白粉与硫酸铜溶液混合使用，对大多数鱼体寄生虫和病菌有较好的杀灭效果。洗浴时间根据温度、鱼的数量而定，一般为 10~15 分钟。洗浴时一定要注意观看鱼的活动情况。

（2）放养时间。放养时间要尽量提早，稻田水体浮游生物达到繁

图3-21　稻田养乌鳢

殖高峰，水温在18℃以上时，即可投放鱼种，以便鱼种下田第一时间摄食到天然饵料，一般秧苗插秧后返青时放养鱼种。

（3）放养密度。根据鱼种的大小来确定鱼种放养数量。稻田养殖成鱼，提倡放养大规格鱼种。一般每亩稻田可放养8~15厘米的大规格鱼种300尾左右，高产养鱼稻田可每亩放养8~15厘米的大规格鱼种500~800尾，具体因地而异。混合养殖鱼种，鲤的数量占50%，草鱼和鲫总和占50%。若混养以鲫为主，套养鲢、鳙，则鲫可占90%左右，鲢、鳙占10%左右。

2. 饲料投喂

稻田养鱼养殖初期一般投喂红虫、水蚯蚓、蚕蛹粉、鱼粉等高蛋白饵料。随着鱼体增大，可投喂蛆虫、小鱼虾、蚬、河蚌及玉米、米糠为主的配合饵料。水体天然饵料供应相对充足时，少量投饵，以节约成本。投饵应坚持"四定"原则，即定时、定点、定质、定量。定时，即6月份前和9月份后每天投喂2次，10时和17时各1次，6月至9月底每天3~4次；定点，即在鱼沟、鱼溜中安放食台，把饵料投入食台中，便于观察吃食情况；定质，即饵料中蛋白质含量应在38%~40%，而且饵料成分变化应逐渐进行，不宜突变；定量，即一般每日投饵量控制在鱼体体重的2%~4%。以2小时内吃完为宜，投喂量还因根据天气、水温、水质、鱼体摄食状态而定，条件不好的情况下，减少投喂量，既不浪费，也不污染水体。为了充分利用天然饵料和防治水稻虫害，当发现水稻有害虫时，可用竹竿在田中驱赶，使害虫落入水中被鱼吃掉。

3. 防逃

稻田鱼下雨或闷热天气的傍晚容易抢水逃逸，日常管理应加强巡查，经常检查拦鱼栅、田埂、进排水口处的防逃设施有无漏洞，是否完好，避免逃鱼。暴雨期间加强巡察，及时排洪、清除杂物。鱼沟、鱼溜是鱼栖息和生长的地方，养殖时间一长，鱼沟、鱼溜的边容易垮塌，每隔一段时间应对鱼沟、鱼溜进行疏通维护，保持水流畅通，保证鱼类能有个良好的栖息环境。

4. 调节水位

正确处理水稻水位与养鱼所需水位之间的矛盾。根据水稻不同生长阶段的特点，适时调节水位。插秧后到分蘖后期，田间水深6~8厘米，以利秧苗扎根、返青、发根和分蘖，这时鱼体小，可以浅灌。中期正值水稻孕穗需要大量水分，田水逐渐加深到15~16厘米，这时鱼渐长大，游动强度加大，食量增加，加深水位有利鱼生长。晚期水稻抽穗灌浆成熟，要经常调整水位，一般应保持在10厘米左右。

5. 防治敌害

稻田养鱼有鸟、鼠、蛇、水生昆虫等多种敌害，对鱼为害极大。鸟类一般可人为驱赶或利用装置诱捕器捕捉。鼠类不但咬断稻株吃穗，而且捕食田中养殖鱼类，可用鼠药杀灭，使用时注意人畜安全。蛇类可用网围不让其进入大田。同时可在稻田翻耕施肥后每亩用生石灰50千克对水成浆，并在田埂四周遍洒，以消灭蚂蟥、黄鳝、泥鳅等。

6. 做好防暑降温工作

稻田中浅水区水温在盛夏期常达38~40℃，已超过有些鱼（如鲤）的致死温度，如不采取措施，轻则影响鱼的生长，重则引起大批死亡。因此当水温达到35℃以上时，应及时换水降温或适当加深田水，做好鱼类避高温工作。

7. 加强巡田

鱼苗投放稻田后，要坚持巡田，及时修补田埂和进、排水口的破损和漏洞；经常清除鱼栅上的附着物，保证进排水畅通。发现问题，及时处理。

（四）病虫害防控

1. 水稻病虫害防控

水稻病虫害有多种，主要有稻瘟病、白叶枯病、纹枯病、稻曲病、恶苗病等。根据具体情况做好水稻病害防治是进行水稻栽培的一项重要而关键的工作。

水稻病虫害的防治主要从防止病虫传播，提高水稻抗病虫性，多途径采取防治措施3个途径入手。

（1）防止病虫传播。防止危险性病虫传播的最有效手段是植物检疫，近年来国家加大了植物危险病虫杂草人为传播防治力度，相继制定了一系列禁止或限制危险病虫杂草人为传播的强制性措施，对危险性病害起到了积极的源头预防作用。

（2）提高水稻抗病虫性。积极推广抗病虫水稻良种，在病虫病频发多发年份，为确保抗性的连续性，要在发病区对抗性植株的抗性进行不断的试验、测试和选择。

（3）多途径采取防治措施。

①利用农业防治：提高水稻栽培技术和改进稻田耕作方法对控制病虫害的发生有积极的功效。其原理是采用壮秧稀播、加宽行距株距、加强水肥管理、积极培育强壮个体的群体等措施控制病虫害发生。

②实施物理防治：物理防治是采用物理因子和机械方法控制病虫害发生。如利用变温浸种防治种子带菌和干尖线虫，采用塑料薄膜捕虫器捕杀飞虱和叶蝉，利用昆虫趋光性田间设黑光灯诱杀蛾类、叶蝉、飞虱、蝼蛄等物理防治措施能有效控制病虫害发生（图3-22）。

图3-22　诱虫灯

③采取生物防治：采用生物防治就是利用生物的相克相生原理及自然界生物的食物链原理来控制病菌及害虫的种群和数量，达到以菌治菌，以菌治虫，以虫治虫的目的。

④合理药剂防治：药剂防治水稻病虫害方法是水稻生产实践中最广泛采用的防治方法。其优点是操作简便，见效较快。缺点是污染环境，既杀害虫又杀害虫天敌，并会对人畜构成中毒威胁。所以，在使用药剂防治病虫害时要慎重，选择合适药方，对症下药，建立必要的用药测报制度，准确掌握防治时机，并和其他防治方法结合起来，尽量减少用药量和用药次数。

病害防控以生态防治为主，采用石灰水浸种、定期消毒等消灭病原。采用杀虫灯等物理方法或生物农药防治水稻病虫害，用药应选用高效、低毒、低残留农药。水稻施药前，先疏通鱼沟、鱼溜，加深田水至 10厘米以上，粉剂趁早晨稻禾沾有露水时用喷粉器喷撒，水剂宜在晴天露水干后用喷雾器喷雾，应把药喷洒在稻禾上。施药时间应掌握在阴天或下午5时后。

2. 鱼类病害防控

稻田养鱼不同于池塘养殖，主要应采取预防为主的原则，如有必要可在鱼沟、鱼溜中泼撒生石灰、消毒剂等预防性药物。

（1）主要病害。

①水霉病：该病主要发生在20℃以下的低水温季节。在越冬期或开春季节时，因鱼体的损伤、鳞片脱落，导致水霉菌入侵，在病灶处迅速繁殖，长出许多棉毛状的水霉菌丝。

②小瓜虫病：流行于初冬和春末，水温为15~25℃时，小瓜虫寄生或侵入鱼体而致病。肉眼可见病鱼体表、鳃部有许多小白点（即小瓜虫）。

③斜管虫病：流行于初冬或春季，斜管虫寄生于鱼鳃及皮肤上而致病。病灶处呈苍白色，病鱼消瘦发黑，呼吸困难，漂游水面。

④车轮虫病：流行于初春、初夏和越冬期。车轮虫寄生于皮肤、鳍和鳃等与水接触的组织表面而致病。病鱼体色发黑，摄食不良，体质瘦弱，游动缓慢。

⑤指环虫病：多发于夏、秋季及越冬期，流行普遍。指环虫以锚钩和边缘小钩钩住鳃丝不断运动，造成鳃组织损伤。病鱼鳃部多黏液，鳃丝肿胀，体色发黑，不摄食。

⑥细菌性赤皮病：主要发生于越冬期。荧光极毛杆菌入侵鱼体，病灶周围鳞片松动，充血发炎，体表溃烂，背鳍两侧、鳃盖中部的色素消退。

⑦细菌性烂鳃病：该病从鱼种至成鱼均可受害，一般流行于4—10月，尤以夏季流行为盛，流行水温15~30℃。由柱状黄杆菌（国内曾称之为“鱼害黏球菌”）感染而引起的细菌性传染病。病鱼游动缓慢，体色变黑。

（2）防治方法。坚持“预防为主、生态防控”，鱼入田前可用浓度为3%~4%的食盐水浸洗鱼体5~15分钟，进行鱼体消毒。在鱼病易发季节，定期用每亩5千克生石灰泼洒消毒。投喂优质饲料，加强水质管理。

（五）稻鱼收获

1. 水稻收获

水稻收割可以用传统的人工收割，也可用机械收割。对一些养殖规模不大、稻田田块分散又小块的，可用人工收割。对于稻田田块集中连片、养殖规模较大的则最好用机械收割，节省收割的劳动力成本。

粮食入仓前要做好空仓消毒，空仓杀虫，完善仓房结构等工作。稻谷入库前应经过自然干燥，水分标准一般籼稻谷在13%以下，粳稻谷在14%以下，杂质含量0.5%以下。并注意加强通风，有条件的可以采用机械通风。

2. 稻鱼捕捞

水稻成熟后，田鱼养殖已达到要求的规格，田中杂草也已被鱼类吃光，此时即可捕捞。是先收稻、后捕鱼，还是先捕鱼、再收稻，要看当时的具体情况。稻鱼综合种养模式可在水稻收割前10~15天捕捞田鱼。

捕捞前准备好捕捞工具，如抄网、小拉网、网箱、水桶、面盆等。捕鱼前，先疏通鱼沟、鱼溜，使水流通畅，然后缓缓降低稻田水位，使田鱼随水流集中到鱼沟、鱼溜之中。再用小拉网、抄网轻轻捕捞，集中放到水桶，再运到网箱中暂养。如果鱼多，一次性难以捕完，可再次进水集鱼，再排水捕捞。

鱼进入网箱后，洗净污泥，清除杂物，分类分规格，达到上市规格的可以上市销售，也可另置池塘暂养，适时出售，获得更高的经济效益。对于不符合食用的鱼种，转入其他养殖水面，以备翌年放养需要。

三、稻小龙虾综合种养

稻小龙虾综合种养模式是指通过在稻田中开挖环沟，在稳定水稻生产的前提下养殖小龙虾，促进稻田生态系统物质和能量的循环利用，减少病害发生、降低化肥农药使用，实现稻虾双产双收的一种生态循环农业模式（图3-23）。

图3-23　稻小龙虾共作

（一）田间工程

1. 田块选择

在养殖小龙虾的稻田选择上，既要考虑远离污染源、生态环境良好，又要考虑交通便利、方便生产管理，即要考虑稻田的位置、地势、土质、水源、交通、周围环境等多方面，开展生产前需要事先勘察、详细计划。

（1）自然条件。养殖小龙虾的稻田要获得水稻、小龙虾双丰收，必须要做到水源充足、溶解氧充分、光照充足、水温适宜、天然饵料丰富。在规划设计养殖区时，要充分勘察、规划稻田区的地形、水利等条件，有条件的地方可考虑充分利用地势自然进排水，以节约动力提水的电力成本，同时还需考虑洪涝等自然灾害，对连片稻田的进排水渠道做到进排方便。

（2）水源条件。小龙虾适应能力较强，既能在水中自由游泳，又能在岸上短时间爬行，但长时间小龙虾和水稻生长都是离不开水的，稻田养殖小龙虾必须保证充足的水源供应。可以将养殖小龙虾的稻田选择在有不断流的灌溉渠、小河、小溪旁，供水量一般要求在 10天左右能够把稻田注满且能循环用水一遍。要确保水源水质清新、良好，符合淡水养殖用水水质标准，水质 pH 值 7~8.5 为宜；确保水源无污染，供水量充足，满足水稻生长、小龙虾养殖用水。

（3）土质条件。养殖小龙虾的稻田要土质肥沃，以高度熟化、弱碱性的壤土最好，黏土次之，砂土最劣。黏性土壤的保水、保肥能力强，渗漏小；而砂土质保水、保肥力差，进行田间改造工程后易发生渗漏、崩塌，不宜选用。保证土壤未被传染病或寄生虫病原体污染过。底质 pH 值低于 5 或高于 9.5 的土壤也不适合养殖小龙虾。

（4）田块条件。选择的稻田要求有完备的农田水利工程配套，通水、通路、通电，稻田四周没有高大的树木或竹林遮挡。稻田田面平整，面积大小适宜，单块田面积太小，增加管理成本，太大，又不利于生产管理。选作小龙虾养殖的稻田可根据本地高标准农田因地而建，面积少则几亩，多则几十亩、上百亩皆可。

（5）交通运输条件。稻田的选址还需要考虑虾、饲料、生产材料等的运输便利。稻田位置太偏僻且交通不便，不仅不利于种养户生产管理，还会影响商品虾的销售。

2. 田间建设

（1）开挖环沟。以 50 亩左右为一个单元，沿田块四面开挖环沟，当夏季高温时可作为小龙虾避暑的场所，水稻晒田、施肥、喷药时，可作为隐蔽、遮阳、栖息的场所，开挖面积占比在 10% 以下，以保证水稻不减产。环沟面宽 3 米、底宽 2 米，深度为 1.5 米左右，并打紧夯实，要求做到不裂、不漏、不垮（图 3-24）。

图3-24　开挖环沟

较大田块一般进行机械化操作，稻田改造中需要预留 4 米左右宽的机械便道1~2处，一般在稻田的两个长边田埂中部位置或角落设置，机械便道位置挖掘养殖环沟时预留30厘米深的原生土层不挖，埋1~3根加筋混凝土管（直径60~90厘米），再用开挖环沟所起的泥土回填。

（2）加固田埂。利用开挖环形沟所挖出的泥土加固、加高、加宽田埂。田埂加固时每加一层泥土都要进行夯实。田埂应高于田面80厘米，顶部宽1~2米。

（3）搭建饲料台。为了观察小龙虾吃食活动情况和避免饲料的浪费，每一田块需搭建1~2个饲料台，用直径5厘米的PVC管围成长方形或正方形，固定于环沟或田面。

（4）设置防逃。防逃设施常用的有两种，一是采用铁皮板等材料，下部埋入土中20厘米以上，上部高出田埂50~60厘米，每隔1~1.5米用木桩或竹竿支撑固定；二是采用麻布网片或尼龙网片或有机纱窗和硬质塑料薄膜共同防逃（图3-25）。方法是选取长度为1.5~1.8米的木桩或毛竹，削掉毛刺，一端削成锥形或锯成斜口，沿田埂将桩与桩之间呈直线排列，田块拐角处呈圆弧形，内壁无凸出物。然后用高1.2~1.5米的密网牢固在桩上，围在稻田四周，在网上

图3-25　防逃设施

内面距顶端 10 厘米处缝上一条宽 25~30 厘米的硬质塑料薄膜即可。防逃膜不应有褶，接头处光滑且不留缝隙。同时在主要路段安装防盗监控设施和防盗铁丝围网。

（5）改造进排水。对进水渠道及排水沟渠进行加固加高，进、排水口应选择在稻田相对两角的土埂上，进、排水口要用钢丝网或铁栅栏围住，防止小龙虾外逃和敌害生物进入。进水管口用 80 目网袋过滤进水，以防敌害生物随水流进入。进水渠道建在田埂上，排水口建在虾沟的最低处，按照高灌低排格局，保证灌得进、排得出。稻田养虾应做到从进水沟单独进水，向排水沟单独排水，以利于小龙虾在相对稳定的水体中生活成长。

（6）其他设施。养殖小龙虾稻田环沟一般深度达 1.5~2 米，必须在稻田边特别是沿道路边设置多个“水深注意安全”“禁止下沟游泳”等内容的安全提示牌。

稻田养殖还必须配备抽水机、水泵作为备用水源；配备安装微循环增氧设备，用于环沟增氧及改善水质环境（图 3-26）；建造看管用房等生产、生活配套设施。

图3-26　增氧鼓风机

（二）水稻种植管理

1. 前期准备

5月中下旬，待大部分小龙虾出售后，缓慢放低水位至露出田板，剩余小龙虾随水位降低躲入环沟当中；田面用旋耕机进行翻耕。

2. 品种选择

结合小龙虾生长规律，应选择种植周期短、抗倒伏能力强，抗病害能力强、适应性广、品质好的水稻优良品种，如沪早软香1号、嘉优中科3号等，以适宜稻虾共生模式。

3. 培育壮秧

（1）种子处理。播种前水稻种子的处理主要有：做好发芽试验、晒种、选种、种子消毒、浸种和催芽等程序。

①晒种：晒种可以有效提高种子的发芽率和发芽势。晒种方法一般是将种子薄薄地摊开在晒垫上或水泥地上，晒种1~2天，勤翻动，使种子干燥度一致。

②选种：通过选种使种子纯净饱满，发芽整齐。杂交水稻种子一般用清水进行选种。

③浸种：达到稻种萌发要求的最适含水量所需的吸水时间，水温30℃时约需24小时，水温20℃时约需48小时。杂交水稻种子不饱满、发芽势低，采用间隙浸种或热水浸种的方法，可以提高发芽势和发芽率。

④消毒：消毒可与浸种结合进行，种子经过消毒，若已吸足水分，可不再浸种；吸水不足，换清水继续浸种。浸种可选用25%咪鲜胺乳油2毫升对水5千克，浸种5千克，浸种时间为12~24小时，不能超过24小时，时间到后立即换清水清洗。拌种可选用30%噻虫嗪悬浮剂3毫升对水100毫升，拌种1千克。

⑤催芽：机械播种催芽“破胸露白”即可。注意谷芽标准为根长达稻谷的1/3，芽长为1/5~1/4，在谷芽催好后，置室内摊晾4~6小时，且种子水分适宜、不黏手即可播种。

（2）播种育秧。目前生产上推广的育秧方式主要有工厂化育秧和旱育秧两种。

①工厂化育秧：选择靠近水源，排灌方便，土壤肥沃，背风向

阳，土质疏松，附近无病虫害的菜园、闲置院场和水田做苗床。根据苗床规格，合理摆放秧盘，摆放秧盘时要压紧、压实，使秧盘底部每个小孔穴都与池面紧密贴合，达到紧贴不悬空。

②旱育秧技术：选择地势平坦、土质肥沃、管理方便的旱地，最好是长年未施过草木灰的蔬菜地，一般苗床与大田的比例为1∶10。

旱育秧播种时一定要浇透浇足苗床底水，然后将包衣的稻种分畦定量均匀撒播在苗床面上，再用包上薄膜的木板轻轻镇压，使种子三面入土，再撒盖一层0.5厘米左右的细泥土，切实盖匀盖严，以不见种子为度。再用化学除草剂喷施厢面，最后盖膜压严四周，保温保湿。

播种至出苗期重点是保温保湿，一般不揭膜。一叶期加强薄膜的管理，晴天气温高，将薄膜揭开两头，或在薄膜上覆盖稻草降温。一叶全展开时，坚持日揭夜盖，持续2~3天，即可将薄膜全揭，只要叶片不卷筒，就不必浇水。三叶期施断奶肥，促分蘖、炼苗控高。每亩苗床用尿素5~10千克加少量无渣清粪水对水泼施，施肥后必须用清水洗苗。

4. 适时移栽

5月下旬至6月初移栽水稻，水稻种植方式宜采取宽窄行方式，有利于小龙虾在田间穿行和改善田间通风透光条件，增加植株有效受光量，提高光合生产率，有利于改善田间小气候，扩大温差，降低温度和减少病虫害发生。同时适当增加虾沟两边的栽插密度，充分发挥边际优势。

5. 水位调控

水稻移栽前一个月，逐渐降低水位，使虾汇聚到沟内，便于集中捕捞和水稻移栽。水稻移栽后应提高水位，水稻返青期田面水深保持15~20厘米，为秧苗创造一个温湿度较为稳定的环境，促进早发新根，加速返青。在水稻分蘖期保持田间浅水层，使土壤昼夜温差大，光照好，促进分蘖早发。7月中下旬降低田面水位适当搁田，以促进水稻根系深扎避免倒伏。幼穗分化期需水量较大，宜采用水层灌溉，淹水深度10厘米左右。9月中下旬逐渐降低水位，便于水稻收割，同时沟内水位也逐渐降低至一半，促使小龙虾进洞。水稻收割后，加水至田面水深 20～30 厘米，稻茬经水淹及微生物作用后可作小龙虾饵料。

6. 施肥管理

稻田养殖小龙虾后，因施足基肥和小龙虾排泄物含有丰富的水稻生长所需养分，水稻生长一般不缺肥，如确需施肥，应施有机肥并控制施用量，不能将肥料撒入环沟内。

7. 药物管理

结合杀虫灯、性诱剂等能取得很好的防治效果和环保效果。稻田养殖小龙虾后，水稻病虫害大为减少。如果出现水稻病害现象，应选用对小龙虾低残留、低毒性的农药。

（三）小龙虾养殖管理

1. 苗种选购与投放

3—4 月投放小龙虾苗（初始规格每只约 6 克），根据稻田养殖的实际情况，新建稻田一般每亩放养个体每只在 40 克以上的小龙虾 15～25 千克，已养的稻田投放 5～10 千克。8—9 月视存塘情况，每亩补放 20～30 千克种虾。

虾苗选择颜色纯正，有光泽、体色深浅一致，体表光滑无附着物，附肢齐全，无病无伤，体格健壮，手握时手中有粗糙的感觉，且虾苗行动迅速，爬行敏捷。

挑选好的虾苗用塑料虾筐分装，每筐上面放一层水草，保持潮湿，避免太阳直晒和风吹，运输时间控制在 2 小时以内，越短越好。投放时，选择稻田草多，浅水的地方，分点投放，把虾筐侧放，让虾苗自行爬出虾筐。

投苗前加水至田面上 20 厘米。3 月份在田间和环沟中种植伊乐藻，总量占田块面积的 30%左右，夏季水面设浮框移栽水葫芦，面积约占 30%；肥水培藻，培肥水质。

2. 饲料投喂

可在环沟内设置食台，方便观察小龙虾摄食情况以调整投喂量。春季 4—5 月为小龙虾生长旺季，主要投喂蛋白质含量高、营养均衡丰富的配合饲料，按虾总重的 8%～10%投喂。每天早晚各投喂 1 次，以傍晚为主，投喂量要占到全天投喂量的60%~70%。夏秋冬季小龙虾摄食量少，且主要以稻田中生物、嫩草为主，因此减少投喂，隔日投喂；阴天和气压低的天气应减少投喂。冬季基本不投喂。

每次投喂的饲料量，以2小时吃完为宜。超过2小时未吃完应减少投饲量。水温高于30℃、低于10℃时不投喂。

3. 蜕壳虾管理

发现小龙虾蜕壳时，一要尽量保持安静，避免受到人为等因素的干扰，导致小龙虾蜕壳不遂，甚至直接造成死亡；二要加强蜕壳期间水质管理，保持水质清新和水位稳定，有条件的养殖户，可以循环加水，形成循环水，也可以定期冲水，以刺激小龙虾蜕壳；三要尽量减少刺激，处在蜕壳期的小龙虾，对外界抗应激能力降低，如果在此期间使用刺激性强的药物，会影响小龙虾蜕壳，还会造成部分小龙虾死亡。蜕壳后及时添加优质适口饲料，严防因饲料不足引起相互残杀。

4. 水位和水质调控

水位调节是稻田养虾过程中的重要一环，应以水稻为主，兼顾小龙虾的生长要求，按照“浅→深→浅→深”的办法做好水位管理。调控的方法是晴天有太阳时，水可浅些，以便水温尽快回升；阴雨天或寒冷天气，水应深些，以免水温下降。小龙虾适应能力较强，在高温季节，一般每周换水一次，每次换去田中水量的20%左右，但要注意调节水温。搁田时不可将水排干，水温不要超过35℃，如水温高时需要注水调节。尽量将水温保持在20~30℃，利于小龙虾的生长。

每半月每亩用3~5千克生石灰全池泼撒，调节水质。

5. 水草管理

注重水草管理、合理养护水草是保证水草健壮、科学地生长，提高小龙虾养殖生产的重要措施。主要水草有伊乐藻、菹草、轮叶黑藻（图3-27）。水草的管理既要看水草的长势又要看气温，以避免产生副作用。如果温度高，水草占虾沟的覆盖率一定要保持合适的面积和密度，占比不宜超过60%，如果过于旺盛，会影响水体的上下流动与溶解氧的分布。

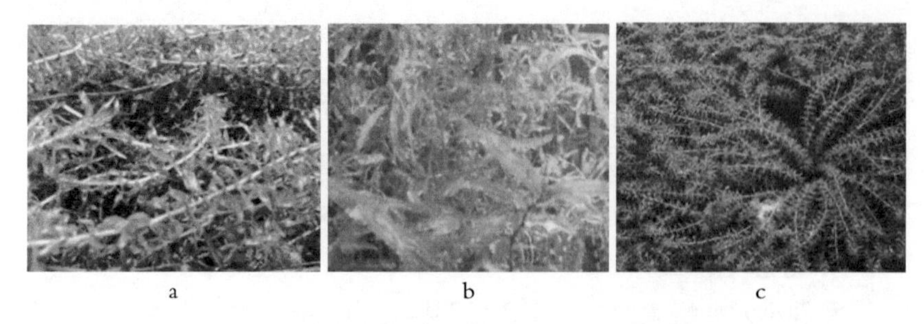

图3-27　水草（a伊乐藻　b菹草　c轮叶黑藻）

（1）养殖早期水草的管理。2—4月，应保持水草“壮、活、旺、爽”，即水草粗壮、有活力、旺盛、洁爽。可定期施用保障水草生长所需的营养及微量元素等，使用鱼用生物肥或农用肥料时应注意肥料种类和用量，以免导致水质矿化造成烂草、烂草根或导致水肥过浓、水草死亡等现象；及时防治水草虫害，如线虫、蜻蜓幼虫、卷叶虫等。

（2）养殖中后期水草的管理。5—8月，主要是保持水草的高度及定期维护水质。当水草长至20~25厘米长的时候，每逢水草面积发展为面盆大小时，及时将草打头，割去水草上半部的1/3，防止中层草见不到阳光、吸收不到养分而死亡，败坏水质，导致全塘水草死亡。定期追肥、培育有益菌是水草旺盛生长的必要条件，也是调节水质“清、洁、嫩、爽”的关键，肥料浓度不宜过大，以免造成肥害。定期解毒改底，消除老化水草腐烂产生的毒害及残饵、粪便产生的毒素，防止因施肥或投喂饲料过量产生的水质矿化或水质过肥造成的藻类难以控制，保持生态平衡。

6. 日常管理

坚持每天巡查，观察小龙虾摄食和活动情况，检查田埂、进排水设施、防逃设施等。主要检查进排水口筛网是否牢固，防逃设施是否损坏。汛期防止洪水漫田，导致小龙虾逃跑。巡田时还要检查田埂是否有漏洞，防止漏水和逃虾。每次注水前后水的温差不超过3℃。定期泼洒生石灰，每隔15天用生石灰对水泼洒环沟一次，用量为每立方米水体50克；在生石灰泼洒7~10天后，泼洒微生态制剂来改善水质。

使用生石灰时要及时监测水体氨氮，碱性环境中，氨氮极易迅速升高，造成水生动物中毒。

（四）病虫害防控

1. 水稻病虫害防治

水稻病虫害主要有稻瘟病、水稻纹枯病、稻曲病和二化螟、稻蓟马、稻飞虱、稻纵卷叶螟等。防治方式主要有灌深水灭蛹、合理利用和保护天敌、诱虫灯诱杀成虫和性诱剂诱杀等农业（图 3-28）、物理和生物防治方法；化学防治要掌握防治适期，选用对口农药品种，轮换用药，施药方法要得当，并严格遵守农药使用准则。同时，要建立防治档案，做好农药及相关防控物质的包装材料、废弃物应回收等质量安全控制措施。

图3-28　灌水杀蛹

小龙虾对许多农药都很敏感，水稻施用药物，应避免使用含菊酯类和有机磷类的杀虫剂，以免对小龙虾造成危害。稻田养虾的原则是只要为害不大，能不治则不治，能不用药时坚决不用，需要用药时则选用高效低毒农药和生物制剂。施农药时注意严格把握农药安全使用浓度，确保虾的安全，并要求喷药于水稻叶面，尽量不喷入水中。同时，施药前田间加水深至 20 厘米，喷药后及时换水。

2. 小龙虾病虫害防治

稻虾综合种养中小龙虾的疾病发生较少。但近几年来，由于放养密度增加，管理技术滞后，再加上周围环境变化，稻虾病有加重发展的趋势。小龙虾常见病害主要有白斑综合征、甲壳溃烂病、烂鳃病、烂尾病、黑鳃病、水霉病、纤毛虫病、软壳病等。小龙虾病害重在预防，着重抓好稻田的清整、晒田和消毒工作；做好水质调节，水源要可控，定期注入或更换新水，保持良好水质；养殖密度要合理，保证小龙虾一定的生长空间；做好药物预防，重点是投入品、生产工具和小龙虾要做好消毒工作，增强小龙虾的免疫力，做好生态防病措施，科学使用药物。

（五）稻虾收获

1. 水稻收获

水稻收获必须达到成熟，从稻穗外部形态去看，谷粒全部变硬，穗轴上干下黄，有70％的枝梗已干枯，说明谷粒已经充实饱满，植株停止向谷粒输送养分，此时应及时收获。

粮食入仓前要做好空仓消毒，空仓杀虫，完善仓房结构等工作。稻谷入库前应经过自然干燥，水分标准一般籼稻谷在13％以下，粳稻谷在14％以下；杂质含量0.5％以下。并注意加强通风，有条件的可以采用机械通风。

2. 小龙虾捕捞

根据存塘情况，第一茬捕捞时间从3—4月开始，到6月结束；后续根据小龙虾长成规格和存塘情况适时适量起捕。适时捕大留小，补充虾苗或亲虾，保证科学合理的养殖密度。

捕捞工具主要是地笼。地笼网眼规格应为2.5~3.0厘米，保证成虾被捕捞，幼虾能通过网眼跑掉。成虾规格宜控制在每只30克以上。

开始捕捞时，不需排水，下午或傍晚直接将虾笼布放于稻田及虾沟之内，第二天清晨起捕，虾笼放置时间不宜过长，否则小龙虾容易聚集相互挤压而损伤。当捕获量渐少时，可将稻田中水排出降低水位，使小龙虾落入虾沟中，再集中于虾沟中放笼，直至捕不到商品小龙虾为止。在收虾笼时，应将捕获到的小龙虾进行挑选，将达到商品的小龙虾挑出，将幼虾马上放入稻田，并勿使幼虾挤压，避免弄伤虾体。

第一茬捕捞完后，根据稻田存留幼虾情况，每亩补放3~4厘米幼虾1 000~3 000只。尽早放苗、尽早起捕，既能取得较好的效益，又能降低病害发生风险。幼虾一般从周边稻虾共作稻田或湖泊、沟渠中采集。挑选好的幼虾装入塑料虾筐，每筐装重不超过5千克，每筐上面放一层水草，保持潮湿，避免太阳直晒和风吹，运输时间越短越好，控制在2小时内成活率更高（图3-29）。

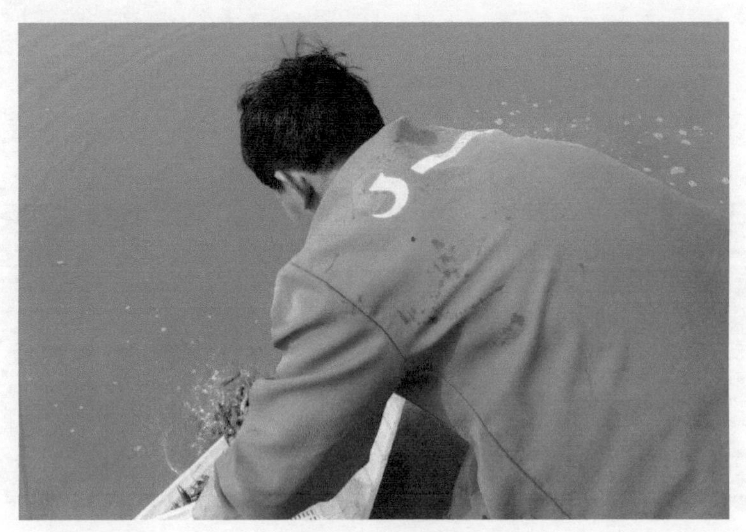

图3-29　补放幼虾

四、稻青虾综合种养

青虾，也称河虾，学名日本沼虾，是我国淡水虾类中经济价值较高的一种水产品，推广前景广阔。

稻青虾综合种养生产实践中有两种模式，模式一为“一季早稻二茬青虾轮作模式”，其模式特点早稻于4月上旬育秧，5月中旬插秧，7月下旬至8月初收获；秋季虾在7月底至8月上中旬放养青虾虾苗，10月中旬开捕，分批上市至春节；春季虾的养殖利用秋季虾捕大留小，至翌年2月放虾苗，5月中旬捕毕。该模式以绍兴、湖州等地区最为典型。模式二为“一季晚稻一茬青虾轮作模式”，其模式特点利用上半年闲置稻田，养殖一茬青虾，并在6月完成上市销售，再种植一季晚稻。该模式经过青虾养殖，稻田免耕即可插秧，节省了劳动力，青虾粪便、残饵还为水稻提供了养分（图3-30）。

图3-30 稻青虾轮作

（一）田间工程

1. 稻田选择

稻田周边无污染，交通方便，电力设施齐全。水源充足，水质良好。稻田以集中连片、长方形、东西向为佳，阳光充沛；稻田所处位置要求灌排方便，无旱涝危害。稻田田埂、田底保水性能好，无渗漏水现象。

2. 工程建设

（1）田块改造。采用2~10亩长方形田块为佳，长方形走向东西方向长。沿田埂内四周挖1.5~2米，深0.2~0.3米的环沟，开挖面积占比在10%以下（图3-31）。并加高、加宽田埂，保持稻田的水位能加到1~1.2米，同时在主干道田头留2米作收割机下田时通道。

（2）进排水系统。养殖青虾的稻田应建有独立的进排水系统，进排水口开在稻田相对成两角的田埂上，以使整个稻田的水流畅通。进水管口高出最高水位20厘米，管口套60~80目的双层筛绢布，以防野杂鱼进入。排水管铺设在沟底部，出水口处接上可旋转PVC管，管口高出池塘最高水位30厘米，排水时通过旋转PVC管口高度调节水位。管口套60~80目的双层筛绢布，以防青虾进入排水管道而逃逸。

图3-31　环沟

（3）配套设施。开展稻虾综合种养，除配备必要的能满足生产需要的电力容量和设施外，有条件应配置足够功率的自备发电机设备，用于意外或临时断电时青虾养殖增氧所需电力保障。配置必要的水泵，用于特殊情况下灌水排水需要，并可用于临时充水增氧。按每亩0.3千瓦配备标准配置水车式增氧机或微孔管底增氧盘，以满足青虾养殖对溶氧的需求。

（二）水稻种植管理

1.“一季早稻二茬青虾轮作模式”的种植管理

（1）品种选择。为确保青虾有足够的生长时间，稻虾轮作宜选择种植早熟早稻品种为主。早稻品种的选择，既要具有抗倒伏性，又要因地制宜，如金早47、嘉育253等。

（2）育秧方式。稻虾轮作面积较小的田块，由于环沟浅窄，不宜稻虾共生，一般在早稻播种前就需完成青虾的清沟捕捞。采用早稻机械插秧，在时间上与人工直播相比，可推迟30天左右，能够相对延长青虾养殖周期，有效提高青虾规格和产量，提升经济效益。因此，为延长保证青虾养殖生产周期，通常采用机械插秧模式，采用塑盘育秧。塑盘育秧时间一般为4月初。通常另选适宜水田作为苗床，在播种前做好秧田的耕作整平，以便秧盘与苗床接触紧密。秧盘入床摆放后，将田泥均匀装填于盘孔中，用扫帚或其他工具刮平并清除盘面烂泥。然后将已发芽露白的种子均匀撒播于塑盘上，插好竹拱，盖好地膜。早稻播种后，在管理上主要注重除草、施肥、排灌、防治病虫等工作。

稻虾轮作面积较大的田块，一般蓄水环沟宽3.0~4.0米、深1.0~1.5米，即使水位略有下降，仍然不影响青虾的养殖，而且经过青虾轮作后，稻田表面平整湿润，表层土干净、松软，适宜水稻育秧，因此可采用直播育秧方式，即直接将已处理完毕破胸露白的种子均匀撒播于稻田中。由于在早稻育秧和生产的部分阶段，田间环沟也仍处于蓄水养虾阶段，因此，大田块稻虾轮作模式从早稻育秧到春虾捕捞完毕，即4月上旬至7月初处于稻虾“共生”阶段，延长了青虾养殖时间，可获得较大规格、较高产量的商品虾。

（3）栽前准备。采用塑盘育秧进行机插模式的，秧苗经20~25天的培育，即可进行移栽机插。移栽前将杀虫农药按处方用量，喷洒到秧床上，做到带药移栽，做好早稻病虫害的预防工作，可大大减少农药的使用量。

（4）秧苗移栽。移栽前将已干塘捕捞完青虾后的田块再次灌水入田，使田面保持薄水。经过青虾养殖后，塘底田面会变得较为干净、松软。因此除第一年要进行田块的翻耕外，以后每年均可免耕，可节省生产成本。早稻秧苗移栽机插时间为5月10日前后，机插间距为直距24厘米，横距12厘米，每穴5~7株。

（5）大田管理。

①除草：早稻机插后7天或直播后5~6天，使用直播净除草1次；一个月后，视杂草情况，可施用稻杰千金进行第2次除草。

在实际操作中，因轮作灌水养虾对杂草生长环境的影响，以及稻苗的生长优势对杂草的抑制作用，除开始轮作前几年需除草2次，以后一般只需除草1次。

②施肥：具体施肥视田间肥力情况而定。常年采取稻虾轮作的稻田，因青虾养殖过程中残饵和排泄物产生的肥力，一般不需要再额外施肥。如水稻叶片变淡，为防止稻叶变黄受损，影响日后产量，可每亩撒施少量尿素即可。

③搁田：在水稻大田分蘖达到一定数量或者幼穗分化进入一定阶段时，将田间水层排干，并保持一段时间不灌水，以改善水稻生长环境，提高土壤养分的有效性，抑制病虫害，并促进分蘖成穗，培育大穗，抑制无效分蘖，顺利实现从营养生长向生殖生长的转换，促进水

稻根系生长，提高稻苗抗倒性和抗病性。

搁田应掌握“时到不等苗，苗到不等时”的原则。根据苗、田、天气来确定搁田的轻重及时间长短。

2.“一季晚稻一茬青虾轮作模式”的种植管理

（1）品种选择。在水稻品种选择上，应选择耐肥力、抗倒伏、抗病性强的高产优质的水稻品种，如甬优12、秀水12、秀水134、浙粳88等，或其他适合当地种植的优秀水稻品种。

（2）育秧管理。采用塑盘育秧，育秧时间一般为4月上旬，薄膜覆盖，将已发芽露白的种子均匀撒播于塑盘上，插好竹拱，进行育秧。也可在6月中旬青虾捕完后，清理水田杂草，平整起板，以直播栽培的方式每亩播种2.5千克晚稻种子。播种后5天内进行化学除草。种子长芽到二叶期前，保持田面湿润，秧苗二叶一心时灌水上秧板。

（3）秧苗移栽。秧苗经过培育，一般在5月初即可进行移栽插秧。可以采用机插或者免耕抛秧法，薄水抛秧，行距30~60厘米，株距20~60厘米，每丛2~4株。可根据实际情况做调整。

（4）大田管理。

①搁田：水稻移栽后约25天进行搁田，将水位降低到田面露出，搁田结束后，及时恢复水位。可分次多搁，先轻后重，引根深扎，后期做到干湿交替，防止断水过早引起早衰。

②水位控制：水位控制要综合考虑，以保障水稻生长为主。放养初期，田水可略浅，保持在田面以上15厘米左右即可。水稻生长过程中抽穗、灌浆等需要大量水分，水位宜控制在30~45厘米，抽穗后期适当降低水位，养根保叶。

③施肥：养虾水田肥力足，施肥应做到总量控制，每亩总施肥量不超过尿素12.5千克，即做到前期肥料早施促早发，中期少施控制群体生长过大，后期不施防止肥料过多导致水稻倒伏。稻田施肥禁止使用对青虾有害的化肥，施肥主要以腐熟的有机肥为主。

④用药：在稻田病虫害防治方面，优先采用物理防治和生态防治。稻田病害严重时，可选择高效、低毒、无残留农药，禁用青虾高度敏感的含磷药物、菊酯类和拟除虫菊酯类药物。喷洒农药一般应加深田水，降低药物浓度，减少药害；也可降低水位至虾沟以下再用

药，8小时左右及时提升水位至正常水位。

⑤灭虫：灭虫主要利用太阳能灭虫灯，根据当地实际情况，每盏灯可以控制周边15~20亩范围的稻田虫害。也可增加布点密度，如每盏灯控制5~10亩的范围，增加灭虫力度。

（三）青虾养殖管理

1.“一季早稻二茬青虾轮作模式”的青虾养殖

（1）进水。7月下旬早稻收割后，及时清理田内稻草，疏通四周水沟，并视残留稻桩高低，向稻田注水，使水位保持在20~30厘米，能够浸没稻桩，促使稻桩腐烂，并及时清除漂浮在水面的杂草，并使用生石灰清野消毒。2~3天后，彻底排除稻田及环沟中的积水，随后一次性灌入80厘米深新水，以防止注水后稻桩腐烂造成养殖前期水质过于肥沃而败坏，引起缺氧泛塘。及时捞出田内漂浮在水面中的杂草物。并按每亩0.3千瓦的要求配置安装好增氧机。此时，稻田就转变为池塘，稻虾轮作的综合种养模式开始进入青虾养殖阶段，直至翌年青虾捕捞结束。进水时必须用60~80目双层筛绢布进行过滤。

（2）施肥。适度施肥在放虾苗前7天或10天，每亩堆积充分发酵腐熟鸭粪100千克或泼施尿素5千克于大田及四角，用来培育虾苗喜食的轮虫、枝角类及桡足类等浮游动物，使肥水有度、保持水质稳定。

（3）种草。栽种水草为提高稻田的虾载量，同时防止青虾互残，为其提供遮阳、栖息、脱壳场所，宜在虾沟内栽种一定量的水草，一般以栽种水花生、空心菜等水生植物，占沟面积的5%~10%，若水草过分生长则需要及时清除。

（4）放苗。早稻青虾轮作分春秋两季养殖。

①秋虾种：秋季虾养殖在8月中旬至9月初放养当年培育的虾苗，规格为2~4厘米，每亩投放3万~3.5万尾。虾苗放养时节正值夏季高温，因此应选择在晴天晚上进行，以避免阳光直射，并确保虾苗培育塘水温与养殖放养塘水温温差不超过2℃。放苗时应开启增氧机，并将虾苗缓慢放养在增氧机下水面处，使虾苗随着水流散开。

②春虾种：冬春季养殖在第一茬青虾养殖干塘起捕后，随即灌水回塘，12月至翌年2月中旬放养虾种，规格3~5厘米，每亩投放2万~2.5万尾，并在未达商品虾要求的青虾中挑选部分作为青虾养殖

用虾种回放到塘中。虾苗放养宜在晴天的早晨于池塘上风口进行，放养前先取少量池水试养虾苗，同时要调节水温，使投放前后的温差不宜超过 2℃，同一虾塘虾苗要均匀，一次性放足，虾苗入塘时要均匀分布，并使其自然游散，不可压积。

（5）投饲。

①秋虾：在青虾虾苗入塘一周后，即开始投喂青虾专用颗粒饲料，辅以米糠、麸皮等混合料，日投喂 1 次，时间为 16—18 时；1 个月后改为日投喂 2 次，7—8 时投喂总量的 1/3，17—19 时投喂总量的 2/3。日投喂总量控制在体重的 3%~6%，1.5~2.0 千克，灵活掌握。当水温低于 15℃时，青虾逐步停食。

②春虾：每年 3 月 20 日前后，当水温上升到 15~20℃时再次开始投饲，并逐渐加量至日投喂青虾专用颗粒饲料每亩 0.5 千克。

③投饲方法：投饲坚持“四定、三看”原则以及虾体蜕壳等因素，将饲料均匀投撒于池塘四周浅水区及附着物上，便于青虾均衡摄食，也有利于检查吃食情况和发病情况。并视天气、水质、水温、青虾活动摄食情况予以调整。一般以观察台中饲料 2 小时左右被吃完为参考标准。

（6）调水。虾池水体应掌握前浓后淡原则，透明度控制在 25~30 厘米。

养殖前期每隔 3~5 天注水 1 次，逐步加高虾池水位；中后期每周注水 1 次，每次加高 6~10 厘米。前期加水以补充自然蒸发为主。进入 9 月，随着青虾摄食、排泄量的增加，底质沉积增多，注意观察水质变化，及时注水或换水。换水时先排底层老水，再加注新水，且须在早晨日出后进行。通常每次换水量控制在 20%以内，以保持水质稳定。

换水应以保持水质稳定为前提，做到“小进小出”，忌“大进大出”，防止养分流失，藻相变化过大，引起倒藻。换水宜在上午日出后进行。下午换水，易引起池塘上下水层急速对流，池中腐败物质随之翻起，加快分解，消耗大量氧气，从而造成晚上青虾缺氧浮头甚至泛塘。

（7）巡塘。加强青虾养殖日常巡塘管理，每天早晚各巡塘 1 次，观察虾池水质变化，及时调控水质；观察青虾摄食情况，适当调整投饲量；观察虾体活动，一旦发现病症，应立即查明原因，对症下药；检查生产设施、设备是否完好，及时采取补救措施予以修整；观察天气变化，及时开启增氧机或加注新水，特别是遇到阵雨天晚上，要提前开动增氧机，且一旦开机就要开到天亮；加强质量安全管理，做好养殖日志。

2.“一季晚稻一茬青虾轮作模式”的青虾养殖

（1）清整消毒。水稻收割后，清理好稻草，每亩用40千克生石灰化水泼洒消毒。

（2）进水施肥。消毒3~4天后，灌水60厘米深，每亩施用腐熟的鸡粪100~150千克、尿素5千克，泼洒于大田及四角，培育生物饵料，肥水有度，保持水质稳定，施肥20天左右再放养虾苗。

（3）移栽水草。大田可移栽轮叶黑藻、金鱼藻等水生植物，可以调节水质，也利于青虾栖息攀附，遮阳避光和脱壳生长（图3-32）。水生植物的碎屑也能作为青虾的饵料。但种植水生植物的面积不宜过大，一般占环沟总面积的15%~20%。

图3-32 种植水草

（4）苗种放养。1月底至2月初放养虾种，每亩放养规格2~4厘米的虾种3万~3.5万尾或每千克1 000~1 400尾的虾种10~12.5千克。放养的个体应体格健壮，规格均匀，弹跳有力，附肢完全，无病无伤。

苗种投放时，选择晴好天气的上午，在环沟内分点均匀投放，放养前，用5%的食盐水浸泡5分钟。可根据情况适当搭养少量的鲢鳙鱼苗，以保持水质和增加水体产出。

（5）投饲。养殖前期，每天上午、下午各投喂1次，后期傍晚再投喂一次，日投饵量为虾体重的3%~6%。傍晚占投喂总量的2/3，以散投在四周浅水区及附着物上为佳。在蜕壳前，也可以投喂含有钙质和蜕壳素的配合饲料，促进青虾集中蜕壳。蜕壳期间，投喂饵料一定要适口，促进生长和防止相互残杀。

（6）水质、水位调控。在高温季节，每7~10天换水一次，每次换水量约1/3。由于稻田养虾水位相对较浅，特别是春季在春寒来临时应注意水质和水位的及时调控。隔15~20天，可以泼洒1次生石灰水，每亩用生石灰10千克，一方面可以维持稻田pH值在7.0~8.5，另一方面可以促进青虾正常生长与蜕壳。

（7）巡塘。每天需巡查虾的生长状态，夏天高温季节要日夜巡塘，清晨傍晚各一次。夜间发现青虾浮头，及时开启增氧机或加注新水。风雨前后及时检查进出水口设施完好与否，及时清除青苔、藻类等附着物。及时维修补漏防逃。

（四）病虫害防控

1. 水稻病虫害防治

早稻的主要病虫为二化螟。在稻虾轮作模式下，稻田经青虾养殖阶段长时间灌水浸泡，阻断了水稻病害的传播，自身几乎无病害的发生。但在早稻种植阶段，因周边稻田发生的病害，仍有可能导致稻虾轮作稻田病害的发生，其属于外源性传播感染。因此，通常根据植保部门病虫害预测预报和周边大田病虫害发生情况，每亩用10毫升“康宽”（氯虫苯甲酰胺），对水用喷雾机械进行喷洒防治。

晚稻生长期间每10~15天可泼洒一次生石灰调节水质，使用量为每亩5~10千克。如确需使用药物控制水稻病虫害，可选用高效低毒农药。雨天不宜喷农药，防止农药被雨水冲刷流入虾沟。

2. 青虾病害防治

青虾常见病害主要有红体病（又名红腿病）、固着类纤毛虫病、青苔病、白体病、烂鳃病、水霉病等。青虾苗种放养前，用生石灰或漂白粉彻底清塘。日常管理中及时关注水环境变化，科学合理地投饵，准确控制投饵量，防止水质败坏。如发生红点病、寄生虫病、真菌引起的黑鳃病等，可采用药浴、福尔马林泼洒、二氧化氯消毒等相应方式治疗。

虾病重在预防，坚持以综合防治为主，严禁使用有机磷和菊酯类药物，可使用微生物制剂，推荐使用环保生物药物。定期泼洒生石灰。

（五）稻虾收获

1. 水稻收获

早稻收获通常在7月中旬至8月初，具体应根据各地气候差异和气象变化以及不同水稻品种成熟时间的不同，科学安排早稻收割。早稻收割推荐机械化收割，并尽量齐泥收割，使残留的稻桩越短越好，并将秸秆清理干净。

晚稻收获一般在10—11月，收获方式根据田块面积等实际情况可以采用人工收割或者机械化收割。水稻收获后，提高水位至40~50厘米，可适当追肥，促进留桩返青。

2. 青虾捕捞

青虾养成后，排水至低于田面10~20厘米时，在大田周围的环沟内设置若干个虾笼，在凌晨收捕并及早上市，做到适时起捕、捕大留小，确保鲜活虾体批量上市，以提高经济效益（图3–33）。

图3–33　虾笼起捕

五、稻鳅综合种养

稻鳅综合种养是一种将种植业和水产养殖业有机结合起来的立体生态农业的生产方式，它符合资源节约、环境友好、循环高效的农业经济发展要求。稻田养殖泥鳅是指在水稻田里通过改造，套养一定量的泥鳅，发挥泥鳅松土、供肥等作用，实践稻鳅共生循环经济。

(一)田间工程

1. 稻田选择

地势平坦，坡度小，水量充足、水质清新无污染，排灌方便、雨季不涝的田块；土质以保水力强的壤土为好，且肥沃疏松腐殖质丰富，pH 值 6.5~7，泥层以深 20 厘米为宜。稻田养殖面积不宜太大，3 亩以内为宜，面积过大给生产上带来管理不便，投饵不均，起捕难度大，影响泥鳅产量。规模化种养要注意集中连片，方能充分发挥综合效益。

2. 工程改造

(1)鱼沟、鱼凼。在田间开挖鱼沟，开挖面积占比在 10%以下，鱼沟可挖成一字、十字、田字、井字等形状，深宽各 35 厘米。鱼凼设在进排水口附近或田中央，做到沟沟、沟凼相通，不留死角(图 3-34)，鱼凼的面积根据需要可以为长方形、圆形等，深 40~60 厘米，面积占稻田面积的 3%~5%，凼底可铺一层塑料板或者网片，方便捕捞。鱼凼、鱼沟的作用主要是可以用作泥鳅避暑防寒，施肥、用药的躲避场所，集中捕捞，还可以作为暂养池。

养鳅稻田的结构形式目前有 4 种，即沟凼式、田塘式、沟垄式和流水沟式。

①沟凼式：在稻田中挖鱼沟、鱼凼，作为泥鳅的主要栖息场所，一般按“井”字、“十”字等形挖掘。鱼沟要求分布均匀，四通八达，有利于泥鳅的生长，宽 35 厘米，深 20~30 厘米，鱼沟面积占稻田总面积的 8%~10%。

②田塘式：田塘式是在稻田内部或外部低洼处，开挖鱼塘，鱼塘与稻田沟沟相通，沟宽、沟深均为 50 厘米，鱼塘深 1~1.5 米，占稻

图3-34　鱼沟和鱼凼

田总面积的 10%，鳅在田、塘之间自由活动。

③沟垄式：将稻田周围的鱼沟挖宽、挖深，田中间也间隔一定距离挖宽深沟，所有深沟通鱼凼，泥鳅可在田中自由的活动。

④流水沟式：在田的一侧开挖占总面积 5% 左右的鱼凼，挨着鱼凼开挖水沟，围绕田的四周，在鱼凼另一端水沟与鱼凼相通，田中间隔一定距离开挖数条水沟，均与围沟相通，形成活的循环水体。

（2）进排水系统。建设独立进排水系统，进水口要高于水面约 20 厘米，在田埂的另端，进水口的对角处，设排水口和溢水口，这样在进水、排水和溢水时，能使养鳅池中形成水流，均匀流过稻田，并充分换掉池中的老水，增加池中的新水。排水口要与池底铺设的黏土层等高或稍高，并在进、出水口加设用尼龙网片或金属网片制成的防逃网，防止泥鳅逃逸，溢水口设置于排水口上方，也要设置防逃网。

（3）防逃设施。加固增高田埂，设置防逃板或防逃网，防逃板深入田泥 20 厘米以上，露出水面 40 厘米左右，或者用纱窗布沿稻田四周围拦，纱窗布下端埋至硬土中，纱窗布上端高出水面 15~20 厘米（图 3-35）。在进出水口安装 60 目以上的尼龙纱网两层，纱网夯入土中 10 厘米以上，两层拦网起防逃作用。增高加固田埂，防逃网要勤

图3-35　防逃网

查补漏，防止泥鳅逃逸。

（二）水稻种植管理

1. 品种选择

适应直播的品种应是耐肥力强，矮秆、抗倒伏、生长期长、高产优质、抗病性能好的品种，选择中稻或晚稻为宜。

2. 科学施肥

施用腐熟的农家肥作底肥为主，不施碳铵、磷铵等刺激性强的化肥，避免伤害泥鳅，每亩施有机肥约500千克，水稻专用复合肥30~40千克，水稻移植后7~10天，每亩追尿素8~10千克，在孕穗期酌情施肥，肥料不撒在沟内。

3. 谨慎用药

病虫防治要选用高效低毒、低残留农药。施药时，先喷施1/2稻田，剩余的1/2稻田隔1天再喷。施药时间选择阴天或晴天的下午4时左右。施药前必须准备好加水设备，以防泥鳅中毒后能及时加水，施药后要勤观察、勤巡田，发现泥鳅出现昏迷、迟钝的现象，要立即加注新水或将其及时捕捞上来，集中放入活水中，待其恢复正常后再放入稻田。在兼顾泥鳅与稻谷两者的基础上，应注意少施或不施农药，尽量使用物理方法或生物农药杀虫，严禁施剧毒农药，用药时加深水位，分批下药，切忌将农药直接投入水中，应将其喷在稻叶上，在稻叶干后、露水干前喷洒效果最好；晒田要把泥鳅赶到鱼凼，要始终保持鱼凼有水。

（三）泥鳅养殖管理

1. 消毒与培肥

（1）在放种前进行消毒。用生石灰25~30千克对水全田泼洒。

（2）插秧前施足腐熟的有机粪肥作底肥。每亩施猪、牛粪100~200千克，繁殖培育天然饵料，促进泥鳅摄食生长。

晒田翻耕后，放苗前1周左右，在鱼凼底部铺设10厘米左右的有机肥，上铺稻草10厘米，其上再铺泥土10厘米作基肥，培育浮游生物。

2. 苗种放养

（1）放养时间。在早中稻插秧完后即可放苗。一般选择在晴天的下午进行，操作时动作要轻，防止损伤鱼体（图3–36）。

（2）放苗方法。

①稻鳅共生模式：一般在插秧后放养鳅种，单季稻放养时间宜在第1次除草后放养；双季稻放养时间宜在晚稻插秧后放养，鳅苗放养密度为每亩1万~1.5万尾，规格均一度要好。

图3–36　放苗

②稻鳅轮作模式：在早稻收割后，晒田3~4天，施禽畜粪肥200千克。施肥后，暴晒3~4天，使其腐熟，1周后，天然生物饵料比较充足时放苗。

（3）苗种消毒。鳅苗在下池前要进行严格的鱼体消毒，杀灭鳅苗体表的病原生物，并使泥鳅苗处于应激状态，分泌大量黏液，下池后能防止池中病原生物的侵袭。鱼体消毒的方法是：先将鳅苗集中在一个大容器中，用3%~5%的食盐水或8~10毫克/升的漂白粉溶液浸洗鳅苗10~15分钟，水温差不超过3℃。捞起后再用清水浸泡10分钟左右，然后再放入养鳅池中，具体的消毒时间视鳅苗的反应情况灵活掌握。放苗时要注意将有病有伤的鳅苗捞出，防止被病菌感染，并使病原扩散，污染水体，引发鱼病。

（4）放养密度。视鳅苗的规格、鳅池条件和技术水平而定。选择生长快、繁殖力强、抗病性好的泥鳅苗种，饲养水平高，则可适当多放。按照“早插秧，早放养”原则进行放苗，一般在早稻、中稻田插秧或抛秧后15天左右，保持田水深5厘米，一般的放养密度为：规格为每尾3~4厘米，放养密度为每平方米15~20尾；规格为每尾5~6厘米，放养密度为每平方米10~15尾；规格为每尾6~8厘米，放养密度一般为每平方米10尾。

3. 日常管理

（1）饲料投喂。一般以稻田施肥后的天然饵料为食，再适当投喂一些人工饵料。人工饵料一般由鱼粉、豆饼粉、玉米粉、麸皮、米糠等组成，当水温在25℃以上时，动植物饲料组成比例为7∶3，水温25℃以下时，饲料组成比例为1∶1。鳅苗在下田后5~7天不投喂饲料，7天后，按照泥鳅重量3%~5%的饲料量，加水捏成团投喂，间隔3~4天喂1次。首次投喂饵料全田撒，然后逐渐缩小范围至撒在鱼沟内。30天后，泥鳅正常取食时，每天上午（占比40%）、下午（占比60%）各喂1次。具体投喂量应结合水温的高低和泥鳅的吃食情况灵活掌握。到11月中下旬水温降低，便可减投或停止投喂。

（2）水质管理。水质的好坏，对泥鳅的生长发育至关重要。泥鳅虽然对环境的适应性较强，耐肥水，但是如果水质恶化严重，不仅影响泥鳅的生长，而且还会引发疾病。饲养泥鳅的水要保持肥、活、嫩、爽，水色以黄绿色为佳，溶解氧要保持2毫克/升以上，pH值保持在6.5~7.5。田间水层始终不能低于沟面。高温季节，适当灌水调水温，避免烫死泥鳅。若水质较差，选用水质改良剂和微生物制剂改水。

（3）防逃管理。泥鳅善逃，经常检查防逃设施是否完好，及时堵漏洞注意防逃。当进排水口的防逃网片破损，或池壁崩塌有裂缝外通时，泥鳅便会随水流逃逸，甚至可以在一夜之间全部逃光。另外在下雨时，要防止溢水口堵塞。

（4）防生物敌害。在田埂四周外侧用网片、塑料薄膜等材料埋设防敌害（蛇、蛙等）设备，高度以青蛙跳不过为宜，一般为 1 米左右。到育苗后期在稻田上方还要架设用丝线等材料制作的防鸟网或者树立稻草人（图 3–37）。

图3–37　防鸟网

严防家禽下田吞食泥鳅，控制青蛙、白鹭、其他鱼类等敌害。

（5）水草移植。由于泥鳅苗种比较娇嫩，出膜后游动能力很差，所以在环沟中应当布置一些水草供泥鳅苗种下塘时附着栖息，同时水草还可用以净化水质。水草一般选用苦草、轮叶藻等，移植面积占养殖面积的 10% 左右。如果水草过多生长，要及时捞除。水草移植时要用漂白粉消毒，杀死水草上黏附的鱼、蛙卵和水蛭等敌害生物以及病原体。

（四）病虫害防控

1. 水稻病虫害防控

（1）主要病虫害。水稻主要病虫害有稻瘟病、纹枯病、稻曲病、稻飞虱、稻纵卷叶螟、稻螟等。

（2）防治方法。

①生态防治：在稻鳅综合种养稻田中，泥鳅能摄取水稻中的害虫，可以显著降低害虫密度。但由于泥鳅的存在，水稻的病虫害防治不能按照传统方法用药，用生态方法控制水稻病虫害显得尤为重要。

一是选用具有优质、高产，抗病性和抗倒性较强的水稻品种。稻鳅综合种养的稻田长期处于灌水状态，具有较强耐湿能力的品种更佳。

二是石灰水浸种，消灭种传病害。种子用3%石灰水浸种，浸足48小时后用清水冲洗干净，催芽播种。

三是干塘消毒晒塘。利用水产养殖需要塘底消毒处理的特点，通过重施生石灰杀灭水稻生产中散落在农田的菌核等，减轻水稻真菌性病害的发生。

插秧前排干稻田，每亩用生石灰50~100千克消毒处理，消灭有害病原体及真菌类病原，既能控制泥鳅养殖期间的病害，又能减轻水稻生长期间的纹枯病、稻曲病等病害的发生。消毒处理后应晒塘7~10天，时间充裕的可以更长。

②药物防治：在稻鳅综合种养模式中，水稻病虫害的发生率较低，但有时遇到气候、环境等变化也会发病。使用农药时要尽量选用生物农药。

2. 泥鳅病虫害防控

（1）主要病虫害。泥鳅病虫害主要有水霉病、腐鳍病、寄生虫、车轮虫、舌杯虫、指环虫、三代虫、赤皮病、烂尾病等。

（2）防治方法。坚持以防为主，及时发现，及早诊治的原则，做好清塘消毒和泥鳅消毒、调节好水质和药物预防等工作。6—9月泥鳅病易发，每10~15天用生石灰在鱼凼、鱼沟泼撒，消毒，调控水质，用量为每平方米10克。防治水霉病，在苗种放养时，用3%~4%食盐浸泡5~10分钟。用0.3毫克/千克二氧化氯或0.8~1毫克/千克漂白粉全池泼洒，结合用10毫克/千克土霉素浸泡消毒，防治赤皮病、腐鳍病、烂尾病等。寄生虫主要为害种苗，用0.6毫克/千克硫酸铜与硫酸亚铁溶液（5∶2）防治车轮虫和舌杯虫等；用0.3毫克/千克晶体敌百虫液杀灭指环虫、三代虫等。

（五）稻鳅收获

1. 水稻收获

10月中下旬收获晚稻，根据田块面积等实际情况可以采用人工收割或者机械化收割。

2. 泥鳅捕捞

根据泥鳅在不同季节的生活习性，将潜伏泥中、具商品性的泥鳅进行捕捞。春季时，将进出水口装上竹篓，泥鳅随水流进入其中进行捕捞；秋季时，先排干田水，重晒至田面硬皮，然后灌一层薄水，待泥鳅从泥中大量出来后进行网捕；冬季时，在泥层较深处，事先堆放数堆猪牛粪做堆肥，引诱泥鳅集中到粪堆内，然后分次捕捞。

（1）笼捕。一是在编织的鳅笼中放诱饵捕捉（图3-38）。二是将

图3-38　笼捕

塑料盆用聚乙烯密眼网片把盆口密封，盆内置放诱饵，在盆正中的位置开1厘米大的2~3个小洞供泥鳅进入而捕捉。

（2）冲水捕捉。采取在稻田的进水口缓慢进水，而在出水口设置好接泥鳅的网箱，打开出水口让泥鳅随水流慢慢进入网箱而起捕。

（3）干田捕捉。排干稻田水，捕捉泥鳅适宜区域。

泥鳅起捕后，在运输或食用前清水暂养几天，以排除泥鳅体内污物，去掉泥腥味，提高运输成活率，并改善食用口味。可采用8米 ×4米 ×0.8米的水泥池，每立方米暂养6~9千克，若增氧条件好，每立方米可暂养约50千克。

第四章　食用方法

稻渔综合种养水产品品质较好，可适应各种烹饪方法，主要有清蒸、清炖、红烧，还有与其他食料煲汤食用，菜品繁多，营养丰富。

一、中华鳖

（一）选购

好的鳖动作敏捷，腹部有光泽，肌肉肥厚，裙边宽厚而向上翘，体外无伤病痕迹；把鳖翻转，头腿活动灵活，很快能翻回来，即为质量较优的鳖。

挑选鳖的四个要点是：一看、二抓、三查、四试。一看：凡外形完整，无伤无病，肌肉肥厚，腹甲有光泽，背胛肋骨模糊，裙边宽厚而上翘，四腿粗而有劲，动作敏捷的为优等鳖；反之，为劣等鳖。二抓：用手抓住鳖的后腿腋窝处，如活动迅速、四脚乱蹬、凶猛有力的为优等鳖；如活动不灵活、四脚微动甚至不动的为劣等鳖。三查：主要检查鳖颈部有无钩、针。有钩、针的鳖，不能久养和长途运输。检查的方法：可用一硬竹筷刺激龟鳖头部，让它咬住，再一手拉筷子，以拉长它的颈部，另一手在颈部细摸。四试：把鳖仰翻过来平放在地，如能很快翻转过来，且逃跑迅速、行动灵活的为优等鳖；如翻转缓慢、行动迟钝的为劣等鳖。

（二）食用

鳖可以清蒸、清炖、红烧、红煨、红焖、生炒、煲汤等。下面介绍“朝珠八宝甲鱼”的烧法。主料：甲鱼 1 000 克；辅料：猪肋条肉 500 克，鸡脯肉 50 克，火腿 50 克，虾米 15 克，鲜香菇 50 克，冬笋 70克，海参（水浸）50克，胡萝卜250克，小白菜200克，莲子30克；调料：蒜 50 克，猪油 100 克，鸡汤 250 毫升，料酒 50 毫升，盐 10 克，味精 2 克，胡椒粉 5 克，葱 15 克，姜 15 克，湿淀粉 40 克，鸡油 10 毫升。操作步骤：海参切丁，下入汤锅，加入盐、料酒烧开捞出；胡萝卜削成圆珠形，焖烂待用；将鸡脯肉、火腿、香菇、冬笋、虾米切成丁，下入油锅煸炒出香味，加料酒、盐、味精、胡椒粉、海参丁、莲子拌成馅；将甲鱼切成 4 厘米长的块，装盘，放入五花肉、盐、料酒、胡椒粉、蒜、葱、姜，上笼旺火蒸半小时取出，去掉五花肉、葱、姜，填入八宝馅，盖上壳，再蒸半小时取出。将小白菜、胡萝卜珠放入六成热的油锅，加盐调味后，拼在甲鱼周围。油锅内放入鸡汤、甲鱼原汤、盐、味精、胡椒粉，烧开调好味，用湿淀粉勾芡，揭开甲鱼壳，浇在八宝甲鱼上，淋鸡油，将甲鱼壳覆盖即成。

二、田　鱼

（一）选购

首先，要挑选活跃新鲜的田鱼。其次，看鱼的身形，同一种鱼，鱼体扁平、紧实，多为肠脏少、出肉多的鱼。新鲜鱼的眼略凸，眼球黑白分明，眼面发亮；鳃片鲜红带血，清洁、无黏液、无腐臭，鳃盖紧闭；鳞片紧贴鱼身，体表有一层清洁、透明、略带腥味的黏液；鱼肚紧不破；鱼体发硬，肉紧，有弹性。

（二）食用

田鱼可以红烧、清蒸、清炖、煲汤等。下面介绍“青椒豆豉蒸田鱼”的烧法：主料：田鱼2条，500克；辅料：青椒120克；调料：生姜、蒜瓣、香葱各10克，豆豉5克，美极鲜酱油10克，盐2克，白糖3克，味精5克，高汤10克，胡椒粉2克，茶油120克，老干妈辣椒酱10克。操作步骤：先将干田鱼用冷水泡10分钟，葱、姜、蒜瓣切末，青椒切成圈，豆豉剁碎。锅中放入一半茶油，烧至六成热，用小火把田鱼煎成两面呈金黄色，出锅放入碗中待用。锅内放入剩下的茶油，烧至七成热，把青椒圈、豆豉、葱末、姜末、蒜末大火炒香，放入盐、味精、白糖、美极鲜酱油、高汤、胡椒粉、老干妈一起炒两下出锅放在田鱼上面，将田鱼入蒸笼旺火蒸 30 分钟即成。

三、小龙虾

（一）选购

健康的小龙虾形状完整、个头均匀、头和身几乎各占一半、颜色红亮干净、腹毛，爪毛干净、腹白。背部红亮干净，腹部绒毛和爪上的毫毛白净整齐，基本上是干净水质养出来的。无腐败、重金属等味道，含有一股自然的水腥味。人工养殖的小龙虾要大一些，个头均匀，肉质也比较饱满。用手碰碰它的壳，像指甲一样有弹性的是刚长大才换壳的。

小龙虾除了表面要洗干净外，把其内部也要清洗干净。剥去小龙虾的头部外壳和口器，去掉充当消化器官的胃囊；腹部有一条负责分解胃囊传递的养料的东西，其功能类似于肠子，也一定要去掉。最后再用水流仔细地冲洗干净。

（二）食用

小龙虾因体型比其他淡水虾类大及肉质鲜美之原因，而被制成多种料理，都受到了普遍的欢迎。下面介绍“爆炒小龙虾”的做法。主料：小龙虾 1 500 克；调料：色拉油 60 毫升，食盐 4 茶匙，酱油 2 茶匙，鸡精 2 茶匙，姜 40 克，蒜 50 克，花椒 40 克，干辣椒 50 克，料酒 2 茶匙，葱白 40 克，白砂糖 6 茶匙，胡椒粉 1 茶匙，椒盐 1 茶匙。操作步骤：所有小龙虾刷洗净后浸泡在有少许醋的清水中，10 分钟后捞出沥干，要注意防止其爬出。葱白洗净切成葱花，大蒜去根部洗净切成片，干姜刮皮洗净切成丝，干辣椒用剪刀除去根蒂后剪成细丝。大火烧热炒锅中的油，加入花椒，改小火慢炸。当油小滚时，加入干辣椒丝并不时翻动。当辣椒丝刚刚呈黄红色时，改大火，依次加入姜丝，蒜片，葱花爆出香味。将沥干的小龙虾入锅，加料酒炝锅后加酱油、盐、白砂糖一同翻炒 5 分钟；加入 1 碗开水加盖，改小火慢炖入味，8 分钟后汤汁基本收干时，改大火加鸡精、白胡椒粉、椒盐粉炒匀即可。

四、青　虾

（一）选购

新鲜的虾眼球呈圆形，黑色而有光亮；头尾完整，头尾与身体紧密相连，虾身较挺，有一定的弹性和弯曲度。虾体外表洁净，用手摸有干燥感。体色通常呈青蓝色并有棕绿色斑纹。虾壳与虾肉之间黏得很紧密，虾肠组织与虾肉也黏得较紧。拿在手里，壳厚较硬，无沾感，有弹性，感觉很有活力，活蹦乱跳，且肉质较坚实；有正常的腥味，没有异味。

（二）食用

虾烹饪方法很多，可以清炒、红烧、油爆、油焖、辣炒、煲汤等。下面介绍“油爆青虾”的做法：主料：青虾适量；调料：油、姜、葱、蒜、生抽、糖、盐、料酒、醋、水适量。操作步骤：青虾适量，洗净。剪去虾须，加入一匙料酒、少许盐腌制10分钟。把所有调料及葱、姜、蒜末调成料汁备用。炒锅烧热，倒入色拉油，加入大料瓣。倒入青虾翻炒。炒出红虾油后加入料汁，快速翻炒。再淋少许清水后收汁。

五、泥　鳅

（一）选购

选购时，首先从外形体态上来鉴别，鳅体较长，前段稍圆，后段侧扁者为好泥鳅。泥鳅一般要购买鲜活的，死的泥鳅不要购买。优质泥鳅一般眼睛凸起、澄清有光泽，活动能力强。鳃紧闭，鳃片呈鲜红色或红色，没有异味。表皮上有透明黏液，且呈现出光泽，没有划伤。

（二）食用

泥鳅可以清蒸、清炖、红烧、油炸、干煸、爆炒、煲汤等。下面介绍“泥鳅炖豆腐”的烧法：主料：泥鳅200克，冻豆腐1块；调料：姜片4片、小葱末1根、花椒1小勺、干辣椒2个、白胡椒粉1小勺、油盐适量。操作步骤：烧热锅，放入适量油，将花椒、姜片和干辣椒段放进去煸炒；煸炒出香味后将杂质盛出来，放下准备好的泥鳅；泥鳅放入后马上盖上盖，让它在里面煎；听不到泥鳅翻动的声音后，打开盖，一面煎好后翻面再煎一下；泥鳅的双面煎好后倒入适量的开水；放入豆腐块，再加入几片姜；烧开后转为小火，炖煮10分；当汤色奶白后加入盐和白胡椒粉调味；锅装入煲中，撒上小葱末。

第五章　典型实例

稻渔综合种养企业、家庭农场、合作社的管理者利用学到的农业生产技术和经营管理经验，有的创新了符合当地特色的模式与技术，有的积极引进新的技术与品种，有的在产品营销方面有独到之处，有的进行规模生产，已成为当地产业的带头人，推动了稻渔综合种养的发展，促进了农业经济的增长。

一、浙江清溪鳖业股份有限公司

（一）产基地

浙江清溪鳖业股份有限公司位于湖州市德清县，是一家集清溪花鳖、乌鳖、清溪香米、清溪大鲵等农产品的生产研发、加工配送、餐饮观光于一体的综合型现代农业企业。公司成立于1992年，发展至今已有养殖基地3 200亩，是农业农村部认定的水产健康养殖示范场、国家级稻渔综合种养示范区；下辖一个国家级清溪乌鳖良种场，一个省级主导产业示范区。通过稻鳖共作，水稻生长期内，田间的虫、卵量大幅下降，不需使用农药防治；利用鳖粪以及冬季放养的草鱼或鸭子的排泄物，起到良好的肥田作用，水稻种植过程可不用再施化肥，实现了农药化肥双减增效，绿色循环。经连续多年试验示范和测产结果显示：稻鳖共生模式每亩产稻谷520千克以上，优质鳖65千克以上，产值15 300元，利润6 000元以上；参与制定的浙江省地方标准《稻鳖共生轮作技术规范》辐射带动2万亩以上；经济、社会和生态效益显著，在国内被誉为稻鳖共生的"德清模式"。

（二）产品介绍

公司采用稻鳖综合种养的生态循环模式，生产“清溪花鳖”和“清溪香米”等系列产品，公司产品曾获中国名牌农产品、国家原产地标志注册，浙江省著名商标、浙江名牌、浙江省水产双十大品牌、湖州市政府农产品质量奖等20余项荣誉称号。央视《每日农经》《科技苑》《农广天地》《致富经》《金土地》《生财有道》等栏目曾相继做过15次专题报道。

ORGANIC
有机产品认证证书

全国农牧渔业丰收奖
证 书
为表彰2011-2013年度全国农牧渔业丰收奖获得者，特颁发此证书。
奖项类别：农业技术推广成果奖
项目名称：稻田综合种养技术集成与示范
奖励等级：一等奖
获 奖 者：王根连 （第9完成人）
身份证号码：330521195802040257
获奖者单位：浙江清溪鳖业有限公司

中国名鳖
2012年度全国百佳农产品品牌
中国农产品流通经纪人协会
二〇一三年十二月
第十届中国优质稻米博览交易会
金奖大米

原产地标记注册证
获证明：浙江清溪鳖业有限公司
申请的原产地标记产品经国家质量监督检验检疫总局认定，符合《原产地标记管理规定》，特发此证。
0000178

浙江清溪鳖业有限公司
你单位生产的清溪牌花鳖（中华鳖）被评为
中国名牌农产品
中华人民共和国农业部
有效期：2008年1月—2010年12月

原生态有机稻田鳖
甲鱼在稻田里放养，以虫螺鱼虾为食！
A turtle in the rice fields, imitation wild, more ecological

（三）责任人简介

王根连，男，1958年2月生，浙江德清人，中共党员，现为浙江清溪鳖业股份有限公司董事长兼技术负责人，曾获全国劳动模范、全国科普惠农兴村带头人、浙江省十届人大代表、浙江省农业科技先进工作者、湖州市农业科技突出贡献者等荣誉。长期从事农业一线的科研、推广工作。新技术、新成果辐射影响到全国20多个省份。特别是2011年在全国首创了鳖稻共生的生态循环新模式，吸引了全国近3万种养大户和农业专家前来参观、考察、学习，农业部在公司基地召开了三次现场会，2018年公司的鳖稻共生基地成为全省唯一的国家级稻渔综合种养示范区。王根连从事农业工作40年来成功选育并通过审定甲鱼新品种2个，累计申请专利35项，其中发明专利2项，荣获农业部农牧渔业丰收一等奖2项，省、市级科学技术奖3项。

联 系 人：马坤

联系电话：133 6228 3831

浙江清溪鳖业股份有限公司主要是采用“沟坑式”鳖稻共生模式，该模式充分利用5—10月鳖和稻共生期间，水稻吸收鳖的代谢产物为营养，减少了水体富营养化程度，水稻可不用再施化肥；鳖的昼夜不停活动，起到了活化水体、除草、松土的作用，有利于稻的生长；鳖捕捉田间害虫，起到生物除虫、减少病虫害的为害；同时，鳖的活动使虫子产卵的环境受到破坏，起到了良好的驱虫效果，故不需要农药防治。秋季割稻放水，放养草鱼或鸭子，利用草鱼、鸭子的习性吃掉杂草以及掉落的稻谷，排泄物又能起到肥田的作用，充分实现鳖、稻、鱼、鸭之间的良性生态循环，创造了具有浙江特色的“稻鳖模式”，综合效益十分显著。

二、桐庐昊琳水产养殖有限公司

（一）生产基地

桐庐昊琳水产养殖有限公司位于杭州市桐庐县，公司始建于2009年，现有职工23人，其中科研人员10人，具有大专以上文化职工11人，2014年以前以生态甲鱼养殖、繁育为主，同年建立了企业研发中心，开始进行用中药替代抗生素对甲鱼进行疾病防治的研究，同时开始发展稻渔综合模式研究；2018年聘请越南籍水产专家（博士）1名，进行水产养殖方面的研究合作，并长期与浙江省农业科学院、上海海洋大学、浙江省农民大学、浙江省水产技术推广总站、杭州市农业科学院、杭州市水产技术推广总站、桐庐县农技推广中心等单位进行技术合作和交流。目前，公司有稻田综合种养面积300亩，越冬池塘20亩。

公司首创了合理越冬池塘以及稻田深水沟及"丑"字形浅水沟开挖方式，形成了适合半山区地形稻鳖共生模式。稻鳖共生模式的稻田

土壤较单种稻田有明显改善，表现在土质变软、变松、变黑、肥力提高，化肥使用量下降 65%；通过绿色生态防控，农药使用量下降70%。同时，通过微生物制剂调节共生系统的水质，以及在中华鳖配合饲料中适量添加中草药成分等方式，确保养殖全程不使用抗生素等渔药，保障了中华鳖的质量安全，提升了品质，有效改善了水域生态环境。经测产统计，示范点每亩水稻产量平均 650 千克，大米出米率 72% 以上，创建“鳖鲜稻香”品牌，销售价格每千克 15 元以上，仅稻米亩产值就可达 8 000 元；产出生态鳖 300 千克，创建“昊琳甲鱼”品牌，每千克价格在 240 元以上，鳖产值可达 7.2 万元；扣除相应成本后，利润达 2 万元以上；真正实现了“百斤鱼、千斤粮、万元钱”的目标。

（二）产品介绍

公司的“昊琳”牌生态甲鱼于2013年度通过无公害产品认证。2015年度被认定为杭州市农业科技型企业；2016年度被认定杭州市高新企业，杭州市名牌产品，浙江省农博会金奖产品，全国稻渔综合种养创新银奖及优质产品铜奖，ISO9001质量认证体系认证；2017年获浙江省农博会优质产品奖，全国稻渔综合种养创新模式与优质产品双银奖；2018年获浙江省农博会金奖产品，浙江省名牌产品认定，全国稻渔综合种养优质产品金奖产品，浙江省农业科技型企业认定。企业现有外观专利2项，实用性发明专利4项，已申报发明专利5项。

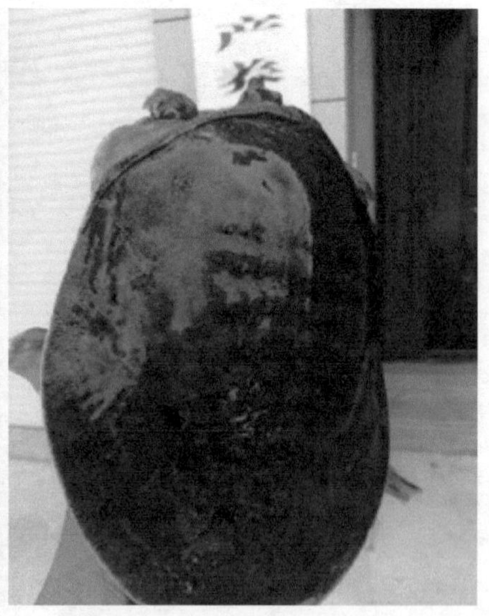

(三)责任人简介

金建荣，男，1972年6月生，浙江桐庐人，大专学历。2013年开始从事稻鳖共生；多次参加省、市、县各级农业和渔业技术培训班，新型职业农民培训班等；2016年度浙江省农民大学和国家开放大学优秀学生，浙江省农艺师创业导师称号。

联 系 人：金建荣

联系电话：139 6801 6663

专家点评

桐庐昊琳水产养殖有限公司经过5年的试验与摸索，合理利用越冬池塘和深水沟及“丑”字形浅水沟无缝对接，成功构建了适合半山区地形发展的稻鳖共生模式，既保证生态鳖养殖产量，也确保了水稻农业机械化模式的发展，水稻种植期间有效分解养殖尾水，大大提高了大米口味和品质。基地作为浙江省水产技术推广总站和浙江省农业技术推广中心联合创建的省级新型稻渔综合种养示范点，结合市级科技项目的实施，创新发展的半山区地形稻鳖共生模式，丰富了稻鳖模式的内容，有效带动当地粮油功能区块合作社、家庭农场、种粮大户发展稻田综合种养；“鳖鲜稻香”大米在2018年度全国稻渔综合种养优质渔米评比中荣获金奖，社会效益明显。

三、龙游力君家庭农场

（一）生产基地

龙游力君家庭农场，位于衢州市龙游县庙下乡，国家一级生态保护区六春湖的山脚，土壤肥沃，水源水质清澈。2015年开始稻渔综合种养模式，示范区面积发展到目前1 000余亩，其中稻渔种养示范区面积360亩，分为稻鱼、稻鳖两种技术模式。公司已完成了农（水）产品质量安全溯源体系的建设。公司稻渔综合种养模式，每亩均总产出超过50 000元，利润达14 700元，综合效益明显。现为国家“十三五”重点研发项目《稻作土壤培肥与丰产增效耕作示范基地》、省级稻渔综合种养示范基地、省级现代农业科技示范基地、市级示范

浙江省新型稻渔综合种养示范基地
基地基本情况
示范主体：龙游力君家庭农场
示范地点：龙游县庙下乡
示范面积：360亩
水稻品种：甬优9号、甬优1540
水产品种：鲤鱼、草鱼、蟹
技术依托单位：浙江省农业技术推广中心
浙江省水产技术推广总站
指导服务单位：龙游县植物保护检疫站
龙游县水产技术推广站
龙游县庙下乡农业产业化技术服务中心

性家庭农场；在 2018 年度全国稻渔综合种养模式创新大赛和优质渔米评比推介活动中荣获绿色生态奖、“浙江好稻米”评比金奖。

（二）产品介绍

稻渔综合种养系统中，水稻为鱼鳖提供庇荫场所和有机食物，鱼鳖则为水稻耕田除草、松土增肥增氧、吞食害虫害，两者互作共利，整个系统中不使用任何化肥和农药，通过生态系统的自我调节，生产出高品质农产品。稻渔综合种养每亩产水稻 503.4 千克，鳖净增产 37.5 千克、鱼类增产 125~150 千克。目前农场的产品都已通过了有机认证，产出的“苗下香”有机稻米市场每千克平均售价为 20 元，中华鳖市场每千克平均价 200 元。

龙游力君家庭农场利用优质水源和极佳的自然环境，搭配适养优质稻品种开展稻鱼、稻鳖综合种养，生产出高品质、高附加值的产品，获得了市场认可，取得较好的经济效益，生态、经济效益双丰收，为浙江省山区发展稻鱼、稻鳖共生模式提供了借鉴。

（三）责任人简介

杨伟力，男，1984年生，浙江龙游人，高中学历。从事稻渔综合种养5年；多次参加省、市、县各级农业和渔业技术培训班，新型职业农民培训班等；现为浙江省药膳专业委员会团体单位委员，龙游县青年创业创新大赛一等奖。

联 系 人：杨伟力

联系电话：150 5706 5790

四、青田愚公农业科技有限公司

（一）生产基地

青田愚公农业科技有限公司生态农场位于青田县仁庄镇，面积120亩。在上海海洋大学、丽水市水产推广站、青田县农业局等专家的指导下，公司在承载“田面种稻，水体养鱼，鱼粪肥田，稻鱼共生”这个传统稻鱼方式基础上不断创新，采用全生态有机循环稻田种养殖模式，培育有机稻、生态鱼，确保整个生产过程中始终以青田田鱼作为主要劳动力，巧妙地利用田鱼觅食活动实现水稻生产过程中的免耕、免施肥、免除草、免撒药除虫，一田三收，实现稻鱼高产增收，省工省力的目标，达到了“百斤鱼、千斤粮、万元钱”的稳粮增产增收目标。同时公司对稻鱼共生的优质稻米品种适应性选育进行研究，2018年共引进30多个水稻品种进行适应性试验，选育适应稻鱼共生好稻米品种，为生产高品质的有机稻米提供有力保证。公司根据

实际总结出这项适合山区生态种养技术，进行示范推广，通过参观学习、示范、培训、讲座等形式，带动国内同行与周边农民生产，实现增产增收。

（二）产品介绍

公司生态农场每亩有机水稻产量400千克，创建“恬恬稻鱼香米”品牌，产值4 000元；产田鱼100千克，产值8 000元，冬闲季节灌水养田鱼50千克，产值4 000元，扣除平均成本6 900元，平均收益9 100万元。

公司建有青田田鱼亲鱼池、种鱼池，育苗池，暂养池、孵化育苗大棚等基础配套设施，年产青田田鱼苗2 000多万尾，为青田田鱼的原种保护作出应有的贡献。

公司通过示范、培训、讲座等形式，带动户周边农民增产增收。2015年以来，基地已接待了国内外160多批约2 000多人次前来调研指导、观摩学习等活动，综合效益明显。2016—2018年，公司生产的稻鱼米连续被评为县、市、省、全国好稻米，2018年公司在全国稻渔综合种养模式创新大赛上荣获特等奖，得到全国专家与同行一致好评。

青田愚公农业科技有限公司继承与创新了拥有千年历史的青田“稻鱼”模式（联合国粮农组织首批全球农业文化遗产保护项目），用田鱼觅食活动实现水稻生产过程中的免耕、免施肥、免除草、免撒药除虫，一田三收，实现稻鱼高产增收，省工省力的目标，达到了“百斤鱼、千斤粮、万元钱”的稳粮增产增收目标。该模式已经连续5年丰产丰收，得到时间与自然界的检验，为浙江省乃至全国的山区开展稻鱼共生提供了有益借鉴，为农民增产增收提供一条新路；对减少山区抛荒土地，减少农药污染具有积极意义。

（三）责任人简介

徐冠洪，男，1971年生，浙江青田人，大专学历。2011年起开始规模化稻鱼综合种养至今；多次参加省、市、县各级农业和渔业技术培训班，新型职业农民培训班等；2016年获侨乡农师、侨乡精英，2017年获县先进生产工作者，2018丽水市高级农作师，2018乡村振兴丽水年度贡献人物。

联 系 人：徐冠洪

联系电话：135 8713 6788

五、嘉兴三羊现代农业科技有限公司

（一）生产基地

浙江三羊现代农业科技有限公司位于杭州湾北岸的海盐县西北方，处于海盐、海宁、嘉兴南湖区三角中心地带，公司成立于2013年5月，是一家立体生态循环科技型的现代农业经营主体。主要从事稻田立体生态循环种养和农产品加工、销售与农耕教育服务等，是一二三产业联动，全产业链的一家绿色、生态、可持续发展的农业科技型企业。2018年销售3 475万，建筑面积6 000多平方米，现有

流转土地 1 700 多亩，其中新建联栋设施大棚 200 亩，设施普通大棚 144 亩。企业以生态养殖为基础，粮食安全为重点，精深加工为发展，品牌建设为效益，开展以稻鳅菱立体种养结合的新型稻渔综合种养模式，通过近年来“公司 + 基地 + 农户”的模式，带动了 700 多户家庭农场与农户，带动面积 25 000 多亩。2017 年 11 月 10 日，该种养模式在江苏举办的全国农业互联网大会以模型展出，受到国务院副总理汪洋、农业部部长韩长赋等国家领导人的肯定与鼓励全国推广。同年该种植模式的模型于浙江省农博会展出，受到省长袁家军等省领导的肯定与鼓励。

（二）产品介绍

生产基地每亩水稻产量约470千克，创建“稻鳅御品”品牌大米，每千克售价16元，出米率按65%计算，产值4 800元；泥鳅产量300千克，每千克售价50元，产值1.5万元；南湖菱168千克，每千克售价10元，产值1 600元，扣除各类成本9 500元，纯效益可达1.2万元。生产的稻米产品先后获得2016年12月中国稻田综合种养联盟“上海大”杯稻米口感和最佳品质金奖、技术评比技术创新金奖，“2017浙江好稻米”金奖，2018年全国稻渔综合种养优质渔米评比推介活动“粳米金奖”。

（三）责任人简介

陈小东，男，1983年3月生，浙江海盐人，中共党员，本科学历。现任浙江三羊现代农业科技有限公司董事长，嘉兴市人大代表、海盐县人大常委会农业与农村工委委员、海盐县政协委员、海盐县科协副主席、海盐县电商协会副会长、海盐县青年企业家协会理事、海盐县青农联理事、海盐县纪委“青廉使者”、嘉兴市创业导师、浙江省农创客联合会理事、浙江省农经学联合会理事、浙江省现代农业促进会理事、浙江省农业广播电视学校客座教授等；获得2016年浙江最具影响力农创客，2017年全国农业创新创业大赛20强、中国好项目嘉兴区冠军、嘉兴市南湖百杰青年菁英奖、浙江省青年创新创业百强项目、浙江省农业现代风云榜杰出农耕教育奖，2018年嘉兴市十大创业新秀等荣誉。

联 系 人：陈小东

联系电话：135 8636 7827

专家点评

浙江三羊现代农业科技有限公司开展稻鳅菱立体种养结合的新型稻渔综合种养模式，中间种植水稻，环沟养殖泥鳅、种植南湖菱，沟岸上种植了大批的杜瓜，生态循环，不用农药。一亩秸秆卖出了稻米价格，接近普通农户晚稻的收益。线上线下结合销售，实现了可观的经济效益和保生态、可持续的社会效益。

六、浙江誉海农业开发有限公司

（一）生产基地

浙江誉海农业开发有限公司创建于2015年，公司位于杭嘉湖平原、素有“鱼米之乡”美誉的嘉兴海宁。公司以“稻田小龙虾综合种养”为主要模式，集粮食作物种植、稻谷、优质虾稻米、商品小龙虾及小龙虾苗种等生产销售为一体。2017年，公司开始引进推广水稻—小龙虾共作“369”模式（即3—4月放虾苗、5—6月种水稻、8—9月再补放一批种虾），核心区可实现每亩产小龙虾120千克、水稻500千克以上，平均效益4 000多元。通过3年改造，公司已建成总面积1 030亩的连片稻虾综合种养基地，总体技术和设施水平先进，并利用绿色防控技术，有效实现肥药减量，取得了显著的经济、社会和生

态效益，成为近年来众多稻渔综合种养工程中的亮点之一。公司先后被列为浙江省新型稻渔综合种养示范基地、浙江省水产养殖节能减排技术集成与示范推广项目示范基地，水稻—小龙虾共作“369”模式入选浙江省渔业“绿色发展好模式”。

（二）产品介绍

生产基地2018年每亩收获小龙虾122千克，平均每只规格35克，每千克售价40元，产值4 880元；水稻446.5千克，“誉安”品牌大米每千克售价10元，产值3 125元；平均产值8 005元，利润4 655元。每亩年均减少化肥使用量55千克、降低农药使用量80克。对基地水质监测结果显示，排放尾水达到“地表水环境质量标准”Ⅲ类水标准，实现了稳粮增收，提质增效、生态友好的绿色发展目标。

（三）责任人简介

方张兴，男，1964年1月生，浙江海宁人，初中学历。从事农业30多年，2017年开始发展稻虾共作模式；多次参加省、市、县各级农业和渔业技术培训班，新型职业农民培训班等。2019年获得海宁经济开发区“最美劳动者”称号。

联 系 人：方张兴

联系电话：138 5847 1718

浙江誉海农业开发有限公司创建之初就开展稻虾综合种养，是浙江省稻小龙虾规模化生产的引领者，为江南水乡开展稻小龙虾规模化生产探索出了路子，带动作用十分明显。

七、安吉梅溪草滩家庭农场

(一)生产基地

安吉梅溪草滩家庭农场成立于2015年，基地位于安吉梅溪镇华光村，核心养殖区200亩，主要示范推广小龙虾生态养殖、稻虾综合种养、池塘养殖尾水生态化处理等技术模式。2016年草滩农场通过无公害产地和产品“双认证”。每年稳定生产商品虾30吨，精品大米30吨，为社会提供各类优质虾苗种430万尾。2018年农场开展稻—小龙虾共生、轮作模式，示范面积115亩，每亩产值10 825元，总产值124.5万元，总利润89.1万元，单位面积产出比其他一般小龙虾养殖户高出42%。安吉梅溪草滩家庭农场的养殖经验模式也多次被省、市、县多家新闻媒体宣传报道，吸引了周边养殖户前来观摩学习，草滩家庭农场成为实践教学科普大课堂。农场先后被评为2017年度“浙

江省示范性家庭农场”“湖州市十佳家庭农场”，2018年度“湖州市现代渔业园区”“浙江省稻渔综合种养示范基地”等荣誉称号。

（二）产品介绍

安吉梅溪草滩家庭农场主要以小龙虾为主要养殖品种，曾入选浙江之声“浙江省十大区域品牌水产品”评比，并获得投票票数第一的好成绩。农场注册“垄下”商标，树立“生态、健康、高效、循环”的发展理念，农场小龙虾坚持生态健康养殖模式，主要以种植水草，微生物制剂调水，生石灰消毒为关键点。水草种植面积占池塘总面积的50%~60%，“种草养虾”为特色的生态养殖模式大大减少了配合饲料投入成本，优化养殖环境，减少虾塘的病害发生，又能收获名副其实的生态小龙虾。农场采取“线上＋线下”的销售模式，与“上海市闵行范氏水产经营有限公司”等签订供需合约；同时打造以“安吉草滩农场”为名的网站，设立全国统一服务热线0572-5088795，通过互联网的方式将小龙虾销往全国。

（三）责任人简介

涂金玉，男，1966年3月生，浙江安吉人，大专学历。从2016年开始尝试摸索稻虾共生综合种养模式。多次参加省、市、县各级农业和渔业技术培训班，新型职业农民培训班等。2018年度个人被评为湖州市“十佳新型职业农民”称号、安吉县梅溪镇农业发展十佳先进个人等荣誉。

联 系 人：涂金玉
联系电话：133 3683 6755

专家点评

安吉梅溪草滩家庭农场在自身发展基础上，通过“农场＋养殖户＋订单”的形式，严格实行统一苗种、统一技术规程、统一规格质量、统一销售“四个统一”的经营管理模式，成功带动周边地区20户养殖户1 800多亩小龙虾生态养殖、稻虾综合种养，创造产值1 000多万元。开设服务热线，利用“互联网＋”线上销售，通过营销增加效益。

八、湖州南浔浔稻生态农业有限公司

（一）生产基地

湖州南浔浔稻生态农业有限公司成立于 2018 年 4 月，位于南浔区大虹桥省级粮食生产功能区，隶属区农合联下属子公司。公司以“绿色农业、生态循环”为发展理念，围绕优质稻米—清水小龙虾两大产业的绿色生态循环发展模式组织生产，以虾促稻、稳粮增效。公司建有标准化稻虾生态种养核心示范基地面积 1 200 亩，主要开展稻虾共生、稻鸭共育、澳龙养殖、优质米南粳系列开发等，通过“公司 + 合作社 + 基地 + 农户”的运作模式，采用“六统一”管理，示范带动功能区内发展稻虾生态种养 1.5 万亩，建立稻虾产业扶贫基地 500 亩。以生态稻米、清水小龙虾为主要产品，公司每年可产优质小龙虾 180 吨，生态稻米 300 吨，年产值 1 020 万元，利润 360 万元。

（二）产品介绍

公司注册了“浔稻香”“浔稻虾”等品牌，现有“浔稻香”鸭稻米、虾稻米等优质稻米系列产品；“浔稻虾”清水小龙虾获首届浙江省小龙虾擂台赛一等奖；浔稻鸭为生态放养鸭。产品主要通过“南浔知味”公共区域品牌，打造产品线上线下交易平台，销往周边大中城市。

鸭稻米：采用稻鸭共育模式生产的绿色优质大米，品种选用南粳系列，通过稻田放养鸭子来消灭虫草、中耕松土，为水稻提供营养丰富的全价有机肥料，生产过程中不使用农药、化肥。稻米具有软糯香甜、口感扎实等特点。

虾稻米：采用稻虾共生模式生产，品种选用南粳系列等，通过水稻与小龙虾共生，开展病虫绿色防控，生产过程中少施农药化肥。稻米具有口感纯正，颗粒饱满等特点。

小龙虾：生长在本地水稻田中，稻田中种植伊乐藻、黑叶轮草等水草，为小龙虾提供安全舒适的栖息场所和饵料，稻田养殖出来的龙虾无污染源，品质优良，营养丰富，味美似蟹，深受消费者喜爱。

浔稻鸭：品种选用绍兴麻鸭、野鸭为主，采用生态放养，以稻田中虫、草为主要食料，配套玉米，小麦等食料，生长期6~8个月，个体重1.5千克左右。具有肉质鲜美、口味浓香的特点。

（三）责任人简介

黄建新，男，1971年8月生，浙江南浔人，大专学历，双林供销社主任，公司法人代表，长期从事农产品营销与推广。

曹泉方，男，1971年生，浙江南浔人，大专学历，农艺师，公司总经理，长期从事农业技术推广工作。多次参加省、市、县各级农业和渔业技术培训班，新型职业农民培训班等。

联 系 人：曹泉方

联系电话：138 1929 5648；

0572-3970192。

专家点评

湖州南浔浔稻生态农业有限公司以优质稻米和清水小龙虾两大产业为主，开展绿色生态循环生产，基地基础设施标准高，生产规范。产品品质高，2019年浙江省首届农业之最小龙虾擂台赛上，公司参选的小龙虾荣获一等奖。采用“六统一”管理示范带动稻虾生产，通过稻虾综合种养开展精准扶贫，经济、生态、社会效益明显。

九、诸暨市宜桥水产养殖专业合作社

（一）生产基地

诸暨市宜桥水产养殖专业合作社成立于2008年，位于山下湖镇解放村。合作社现有稻渔综合种养基地510亩，主要经营粮油、水产品的生产和销售。以市场价格高、效益好、养殖周期短的青虾作为水产主养品种，以天然湖泊的自然虾作种虾，早稻选用中早39品种，主推稻虾轮作综合种养新模式。合作社的稻虾轮作模式，既增强了青虾、早稻抗病害能力，又减少了青虾、鱼类的用药、饲料和早稻农药、化肥使用数量，大大节约种养成本，实现高产高效，而且降低了农业生产的面源污染，保护了生态环境，形成了良性循环的生态体系，取得了较好的生态效益，被省农业厅列入省农业产业技术团队示范项目，作为全省渔业主推模式。2017年，被评为绍兴市“平安农机”合作社、绍兴市农业“机器换人”示范基地；2018年，被评为“农业农村部水产健康养殖示范场（第十三批）”。

（二）产品介绍

该合作社所产青虾个体较大，虾体晶莹剔透、壳薄肉嫩、肉质细腻，已注册“和恺”品牌。基地每年可产青虾约35吨，早稻250吨，年销售收入达500万元。

（三）责任人简介

魏乐桥，男，1972年12月生，大专学历。从事稻渔综合种养已逾20年，长期参加各类水产培训，水产养殖水平较高、实践经验丰富。

联 系 人：魏乐桥

联系电话：137 5857 0250

诸暨市宜桥水产养殖专业合作社以青虾为主养水产品种，开展虾—稻—虾轮作共生，稻青虾综合种养技术较为成熟，效益高，为浙江省稻青虾模式的发展提供了示范借鉴。

十、绍兴市富盛青虾专业合作社

（一）生产基地

绍兴富盛青虾专业合作社成立于2007年，位于绍兴市越城区富盛镇义峰村，面积1 500余亩。近年来，合作社开展稻鳅虾共生轮作生态种养，将稻鳅共生与稻虾轮作相融合，在同一田块中种植一季早稻，开展一茬鳅两茬虾的新型生态农作模式，实现稳粮、增效的"双赢"。2008年以来，合作社积极探索试验稻虾轮作模式、稻鳅种养模式，改变了传统的粮食种植以及青虾，泥鳅养殖单一的种养模式，使单位土地面积的效益得到了成倍的提高，达到了“千斤粮、万元钱”目标。合作社通过广大社员的共同努力，先后被省、市、县各级部门认定为“浙江省示范性农民专业合作社”“浙江省示范性渔业专业合作社”“绍兴市示范性合作社”“绍兴县示范性合作社”“绍兴市农产品质量安全 A 级单位”“绍兴县农产品质量安全 A 级单位”。

（二）产品介绍

基地稻—虾—鳅模式每亩收获早稻 400 千克，收购价每千克 3.2 元，产值约 1 300 元；泥鳅 40 千克，收购价每千克 60 元，产值 2 400 元；青虾 40 千克，收购价每千克 160 元，产值 6 400 元；每亩产值共计 10 100 元，扣除成本后，平均利润 5 000 元。公司现有可年育 1 亿尾的青虾、泥鳅种苗繁育中心。同时在省、市水产技术推广站和农技推广站的指导下，为全市青虾、泥鳅养殖及水稻种植提供技术服务。合作社的青虾注册“老么弹”商标，并在 2010 年通过了无公害农产品认证。

(三)责任人简介

许国明，男，1971年2月生，中专文化，绍兴富盛青虾专业合作社理事长。从事农业种养殖业工作20多年，对粮食生产及水产养殖业具有丰富的经验，其探索及推广的稻虾轮作、稻鳅共育模式被作为浙江省农业创新的模式在全省进行推广，并得到了省委主要领导的批示肯定。多次参加省、市、县各级农业和渔业技术培训班，新型职业农民培训班等。绍兴县农业创业创新带头人，富盛镇十六届人大代表，绍兴县农业技术培训学校现代农业培训“专家”。2015年被绍兴市评为五星级民间农技师，越城区劳动模范，2016被评为全省基层农技推广突出贡献工作者，2017被评为全省基层农技推广杰出人物，省级科技示范户，获得全国劳动模范等荣誉。

联 系 人：许国明

联系电话：136 1575 3539

专家点评

绍兴富盛青虾专业合作社，通过不断摸索，由稻青虾轮作发展到目前稻鳅虾共生轮作生态种养，开展一季早稻一茬鳅两茬虾的新型生态农作模式。单位产出进一步提高，生态经济效益进一步显现。

参考文献

丁雪燕，孟庆辉. 2018. 稻青虾综合种养技术模式与案例[M]. 北京：中国农业出版社.

杜军，刘亚，周剑. 2018. 稻鱼综合种养技术模式与案例（平原型）[M]. 北京：中国农业出版社.

何中央. 2019. 稻鳖综合种养技术模式与案例[M]. 北京：中国农业出版社.

李良玉，陈霞. 2018. 高效稻田养小龙虾技术[M]. 北京：机械工业出版社.

田树魁. 2017. 稻田生态养鱼新技术[M]. 昆明：云南科学技术出版社.

田树魁. 2018. 稻鱼综合种养技术模式与案例（山区型）[M]. 北京：中国农业出版社.

汪名芳. 2010. 稻田养鱼虾蟹蛙贝技术[M]. 北京：金盾出版社.

吴旭东，张峰，张宝奎，等. 2009. 稻田鱼蟹养殖技术[M]. 银川：宁夏人民出版社.

谢中富，李亚根. 2012. 江南水稻龟鳖菜[M]. 北京：中国农业科学技术出版社.

辛茜，占家智. 2010. 稻田养小龙虾关键技术[M]. 北京：金盾出版社.

杨星星，陈坚. 2010. 单季水稻高效生态养殖技术[M]. 北京：科学出版社.

占家智. 2019. 图说稻田小龙虾高产高效养殖关键技术[M]. 郑州：河南科学技术出版社.

后记

《稻渔综合种养》经过筹划、编撰、审稿、定稿，现在终于出版了。

《稻渔综合种养》从筹划到出版历时近一年时间，在浙江省农业农村厅及有关稻渔综合种养企业和基层农业推广部门的大力支持下，经数次修改完善，最终定稿。在编撰过程中，得到了浙江省水产技术推广总站何中央研究员等专家的大力帮助，杨卫明、钱伦、徐胜南、娄剑锋、周淼等提供了部分典型案例材料，浙江省水产学会专家对书稿进行了仔细审阅，在此表示衷心的感谢!

因水平和经验有限，书中肯定存在瑕疵，敬请读者批评指正。